KB093978

스톡과 소스를 기반으로 한 수프와 여러 가지 조리 실습

프로덕션 실무조리
Production Practice
Cooking

채현석 저

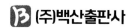 (주)백산출판사

PREFACE

프로덕션 실무조리

최고의 요리는 유능한 셰프^{Chef}의 육수와 소스에서 탄생합니다. 육수와 소스는 음식 맛에서 가장 기본적인 주춧돌이라 생각합니다. 기초가 튼튼해야 멋진 건물이 탄생하는 것처럼 음식의 기본은 육수에서 탄생합니다. 줄을 서서 먹는 유명 맛집의 비법도 기본에 충실한 육수에서 시작했을 것이라 확신합니다.

프로덕션은 생산, 제조, 생성, 제작, 산출의 의미로 레스토랑이나 호텔 주방에서 필요로 하는 스톡, 소스 등을 생산하여 공급하는 주방을 뜻하며 이를 프로덕션 주방이라고 합니다. 프로덕션 실무조리는 스톡, 소스 등을 기반으로 수프와 샐러드, 메인^{Main}요리 등을 실습하는 교과목으로 구성되어 있습니다. 기본적인 스톡과 5가지 모체 소스 조리 방법을 단계별 사진을 첨부하여 이해하기 쉽게 구성하였으며 15주 동안 실습을 통해 소스, 스톡을 이해하고 조리법 습득을 통해 훌륭한 셰프가 되는 데 주춧돌이 될 것이라 생각합니다.

AI 시대를 살아가면서 '대량 생산되는 육수와 소스를 사용하면 되지 않을까?'라고 생각하는 분들도 있을 것입니다. 기본적인 육수와 소스를 이해하지 못하면서 대량 생산되는 육수와 소스를 사용하는 것은 요리 기술의 기초를 이해하지 못하면서 음식을 만드는 것과 같습니다. 맛있는 음식 만드는 법을 이해하려면 육수와 소스를 공부하면 될 것입니다. 부디 이 책을 통해 육수와 소스 비법을 습득하여 음식으로 행복을 전하는 훌륭한 셰프^{Chef}가 되기를 바라고 기원합니다.

프로덕션 실무조리는 스톡과 소스를 기반으로 수프와 여러 가지 요리 실습으로 구성되어 있습니다. 따라서 육수와 소스를 만들고 활용할 수 있는 능력을 향상시킬 것으로 생각합니다. 기초에 충실할 때 훌륭한 작품이 만들어지는 것처럼 실습으로 익히고 배워 조리 분야에서 최고가 되시기 바랍니다.

세상에서 가장 행복한 순간은 좋아하는 사람과 맛있는 음식을 먹는 것이라 합니다. 맛있는 음식을 만드는 여러분이 세상에서 가장 행복한 사람입니다.

이 책이 나올 수 있도록 도와주신 이경희 부장님과 김경수 편집부장님, 성인숙 과장님을 비롯한 편집부 선생님께 감사드립니다. 예쁜 사진을 찍어주신 이광진 작가님께도 감사를 전합니다. 마지막으로 사진 작업에 참여해 주신 한국관광대학교 호텔조리과 김창현 교수님과 김아름, 박성진 조교님께도 지면을 통해 감사드립니다.

저자 씀

CONTENTS

프로덕션 실무조리

PART 1

프로덕션
실무 기초

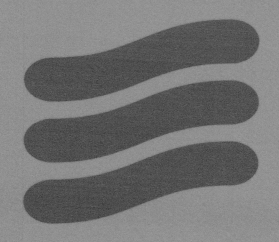

1

프로덕션Production 조리 개념

프로덕션Production은 생산, 제조, 생성, 제작, 산출의 의미로 레스토랑 주방에서 필요로 하는 기본적인 더운 요리(스톡, 소스 등)를 생산하여 공급하는 주방으로 프로덕션이라 고 한다. 많은 양의 스톡, 소스, 수프를 생산하여 공급하는 이유는 각 주방에서 개별적으로 생산하는 것보다는 재료의 낭비와 시간과 공간을 줄일 수 있으며 일정한 맛을 유지할 수 있기 때문이다. 호텔이나 일정한 규모를 갖춘 레스토랑 등이 대부분 이러한 시스템을 사용하고 있으며 프로덕션 주방Production Kitchen 또는 더운 요리 주방Hot Kitchen이라 한다.

프로덕션 주방Production Kitchen에서 주로 생산되는 음식은 육수Stock로 닭 육수Chicken Stock, 소고기 육수Beef Stock, 생선 육수Fish Stock, 갈색 육수Brown Stock와 토마토 소스Tomato Sauce, 브라운 소스Brown Sauce, 벨루테 소스Veloute Sauce, 베샤멜 소스Bechamel Sauce 등 주로 모체 소스를 생산한다. 수프Soup로는 콩소메 수프Consomme Soup 등을 생산하여 각 레스토랑에 공급한다.

2

육수Stock

육수Stock는 육류, 가금류, 생선 등의 뼈, 고기 등에 향신채소와 허브 및 향신료를 넣고 우려낸 국물을 뜻하는 단어이다. 육수Stock는 서양요리에서 소스나 수프 등 국물이 있는 모든 요리에 기본이 되면서 요리의 맛을 결정하는 중요한 요소로 모든 요리에 바탕을 이루고 있다.

육수는 영어로 스톡Stock, 불어로는 퐁Fond과 부용Bouillon으로 나누어진다. 퐁Fond은 뼈를 이용한 스톡으로 소스와 수프에 주로 사용하며 부용Bouillon은 진한 스톡으로 사용한다.

스톡은 중립적인 맛을 가지고 있으며 질감은 고기에 함유된 콜라겐을 가열하여 젤라틴화된 것이다. 스톡의 풍미는 뼈와 살코기에서 추출된 아미노산 성분으로 스톡의 품질을 결정한다. 품질 좋은 스톡은 모든 요리의 맛에 생명을 불어넣는 중요한 역할을 한다. 맛있는 스톡을 만들 수 있는 것은 맛있는 음식을 만들 수 있는 기초를 확립하는 것이다.

1. 스톡(Stock)의 종류

가. 부용(Bouillon)

· Meat Bouillon: 값이 비싼 고기에 찬물을 넣고 은근히 끓여 만드는 스톡으로 Soup로 사용하기도 하는 풍미가 우수한 육수이다.

· 쿠르부용Court Bouillon: 꾸르Court는 빠르다는 뜻으로 빠른 부용이라고 한다. 물, 와인, 채소, 향신료를 넣어 만드는 채소 부용과 어패류를 삶을 때 사용하는 부용으로 물, 채소, 식초, 향료 등을 넣어 만든다.

나. 퐁(Fond)

▸ 화이트 스톡^{White Stock}: 주재료에 찬물을 넣어 은근히^{Simmering} 끓인 것으로 피시 스톡^{Fish Stock}, 가금류 스톡^{Poultry Stock}, 치킨 스톡^{Chicken Stock}, 비프 스톡^{Beef Stock}, 송아지 스톡^{Veal Stock}이 있다.

▸ 브라운 스톡^{Brown Stock}: 뼈, 고기, 채소를 오븐에서 갈색으로 구워 찬물을 넣어 은근히 끓여 만든다.

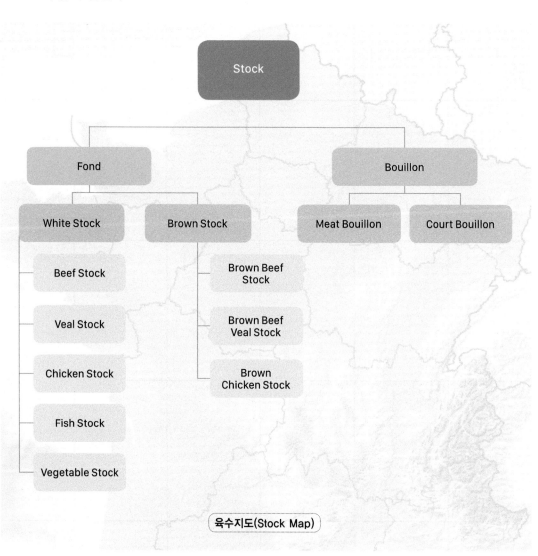

육수지도(Stock Map)

나. 퐁(Fond)

▸ 화이트 스톡 White Stock: 주재료에 찬물을 넣어 은근히 Simmering 끓인 것으로 피시 스톡 Fish Stock, 가금류 스톡 Poultry Stock, 치킨 스톡 Chicken Stock, 비프 스톡 Beef Stock, 송아지 스톡 Veal Stock이 있다.

▸ 브라운 스톡 Brown Stock: 뼈, 고기, 채소를 오븐에서 갈색으로 구워 찬물을 넣어 은근히 끓여 만든다.

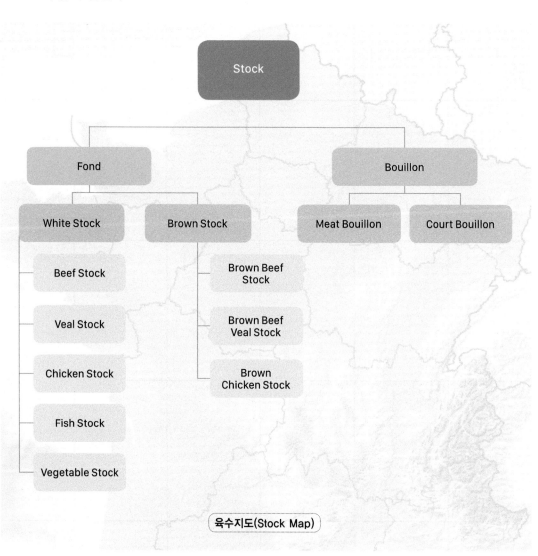

육수지도(Stock Map)

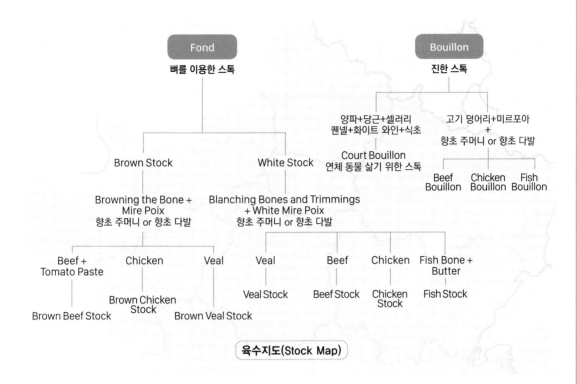

육수지도(Stock Map)

2. 스톡(Stock)의 구성요소

스톡에 사용되는 재료는 맛에 기본이 되는 뼈^{Bone}와, 맛을 돋우기 위한 채소^{Mriepoix}, 물 ^{Water}로 구성되어 있다.

스톡의 3대 구성요소: 뼈$_{Bone}$ + 채소$_{Mriepoix}$ + 물$_{Water}$

스톡의 종류에 따라 조금씩 다르며 향신료 등을 첨가하여 잡내를 제거하거나 향을 첨가하기도 한다.

가. 소뼈와 송아지뼈(Beef Bone & Veal Bone)

뼈에 포함된 아미노산 성분과 콜라겐 성분을 충분히 우려내서 훌륭한 스톡을 만들기 위해서는 뼈의 선택이 매우 중요하다. 서양요리에서는 송아지뼈와 소뼈 등을 많이 사용하며 송아지뼈에는 근육과 뼈를 연결하는 콜라겐과 연골이 많이 포함되어 있다. 콜라겐은 조리과정에서 젤라틴으로 변하며 완성된 스톡에는 무기질과 풍부한 단백질이 포함되어 있다.

나. 닭뼈(Chicken Bone)

닭뼈는 가격이 저렴해서 많이 사용한다. 목과 등뼈가 닭 육수를 생산하기 좋으며, 닭 전체를 넣고 사용해도 무방하다.

다. 생선뼈(Fish Bone)

생선 스톡을 생산하기 좋은 뼈는 가자미과에 속하는 넙치, 광어 등과 같은 기름기가 적은 뼈이다. 기름기가 많은 연어, 참치는 독특한 향을 가지고 있어 좋은 육수를 생산할 수 없다.

라. 기타 잡뼈(Order Bone)

양Lamb, 토끼Rabbit, 칠면조Turkey, 가금류Game 등을 화이트White 또는 브라운Brown 색을 내서 화이트 스톡, 브라운 스톡을 만들 수 있다. 요리 목적에 맞도록 사용해야 하며 뼈를 혼합해서 사용하는 것은 한정된 요리에만 사용하는 것이 좋다.

3. 미르포아(Mire Poix)

미르포아는 스톡에 향과 맛을 내기 위해 사용하는 양파Onion, 당근Carrot, 셀러리Celery 와 같은 채소를 말한다. 브라운 스톡은 미르포아를 브라운 색을 내서 볶아서 사용한다.

미르포아 비율: 양파Onion 50% + 당근Carrot 25% + 셀러리Celery 25%

사용되는 스톡의 종류에 따라 미르포아 비율은 조금씩 달라지며 파슬리, 대파, 버섯을 넣기도 한다.

4. 양념류(Seasoning for Stock)

스톡에는 양념류로 부케가르니Bouguet garni를 사용하기도 한다. 일반적으로 통후추, 월계수 잎, 타임, 파슬리 줄기와 마늘을 사용하여 실 또는 소창에 싸서 넣어 스톡 마지막 단계에서 제거하기 쉽게 만든다. 또한 스톡의 용도에 따라 다양한 허브와 스파이스를 사용

하기도 하며, 유명한 맛집의 비법에 다양한 양념류를 넣어 독특한 맛과 향을 낼 수 있는
기초가 되는 것이 육수이다.

🔥 향초 다발(부케가르니/Bouguet garni) 만들기

1 셀러리 줄기 1개, 대파 줄기 2개, 타임 줄기 5개, 파슬리 줄기 2개, 월계수 잎 2장, 정향 1개, 통후추 5개
　를 준비한다.
2 셀러리 줄기에 정향으로 월계수 잎을 고정하고 나머지 허브 넣고 조리용 실로 둥글게 말아 향초 다발을
　만든다.

🔥 향초주머니(샤세데 피스/Sachet d'Epices) 만들기

1 파슬리 줄기 3개, 타임 5g, 월계수 잎 1개, 대파 줄기 2개, 통후추 10개를 준비한다.
2 소창(면포) 중앙에 넣고 복주머니처럼 말아서 조리용 실로 묶어서 사용한다.

향초 다발(부케가르니/Bouguet garni)/향초주머니(샤세데 피스/Sachet d'Epices)

5. 스톡(Stock)

가. 화이트 스톡(White Stock)

화이트 스톡은 닭, 소뼈와 송아지뼈, 미르포아와 향초다발^{Bouguet garni}을 넣고 천천히 오래 끓여서 만들며 조리과정 중에 색이나면 안 된다.

나. 갈색 육수(Brown Stock)

닭, 송아지, 소 등의 뼈와 미르포아를 높은 열에서 갈색으로 구워 향초다발^{Bouguet garni}을 넣고 천천히 끓여 갈색으로 만드는 스톡이다. 토마토 페이스트와 같은 토마토 부산물을 첨가하기도 한다. 갈색 육수는 풍부한 맛과 강한 육즙향이 난다.

다. 생선 육수(Fish Stock)

생선뼈나 갑각류의 껍질과 미르포아와 향초다발^{Bouguet garni}을 넣고 만든다. 대략 1시간 이내의 짧은 시간에 조리하며 화이트 와인과 레몬주스를 첨가한다고 한다.

3

소스Sauce

소스는 주요리의 냄새, 질감, 수분, 맛을 제공하여 요리의 맛이나 색을 좋게 하여 먹는 곁들임이다. 서양요리의 소스는 음식 본연의 맛을 깊게 하고 음식의 수준을 높이며 각 재료의 맛들을 통합하여 섬세한 맛을 느낄 수 있도록 음식의 수준을 한 단계 높여준다.

1. 유럽 소스의 역사

소스의 어원은 소금을 기본으로 한 조미 용액을 의미하는 고대 라틴어의 "Salsa"에서 유래하였으며 프랑스, 영국, 일본에서는 Sauce, 이탈리아와 스페인에서는 "Salsa", 독일 은 "Sosse", 중국은 "Zhi", 인도는 "Chatni"로 불린다.

가. 고대 로마시대

문헌에 고전 소스들이 언급되기 시작하였으며 서기 25년 로마시대 시인이 빵에 바르 는 페스토(허브, 치즈, 오일, 식초)를 얼얼하고 짭짤하고 향긋한 풍미를 만드는 시골 농부 로 묘사함

그 후 200~300년경 아피키우스가 500가지 조리법을 소개하는 책을 만들었는데 그중 4분의 1 이상이 소스에 관한 것이었다.

나. 중세(11~15세기)

유럽인들이 십자군전쟁으로 아랍 상인과 교류하면서 계피, 생강 등이 전해졌으며 고기 브로스(갈색육수)를 농축시켜 콩소메와 고형의 젤리가 개발되었다. 달걀 흰자를 이용해 서 액체를 맑게 하는 방법을 사용하였으며 부용, 그레이비 등 중세 소스용어들이 정리되 었다.

다. 15~17세기

현재 우리가 사용하는 소스가 개발되었으며 소스의 체계가 만들어진 시기이다. 1400년에서 1700년까지 300년 동안 소스는 많은 발전을 하였다. 소스 농도에 밀가루와 버터, 달걀 등을 이용하였다. 육즙을 추출하고 농축시켜 두었다가 음식의 맛이나 영양분을 보충하기 위해 사용하였다.

1750년경 프랑수아 마랭이 부용, 포타지, 쥐, 콩소메, 쿨리 등 소스를 체계적으로 집대성하였으며, 그 후 프랑스 요리책에 수프와 소스 등이 소개되고 이름이 지어졌다. 그 시기에 소개된 소스가 지금도 유명한 홀랜다이즈와 마요네즈, 베샤멜 소스 등이다.

라. 19세기 앙투안 카렘의 4가지 모체 소스

1789년 프랑스 혁명이 일어나 귀족이 몰락하고 그들에게 고용되었던 많은 요리사들이 고급 레스토랑을 개업하는 등 많은 변화가 일어난다. 많은 요리사(셰프)들이 현대 요리 발전에 기여하였다. 19세기 앙투안 카렘Antonin Caremel, 1784~1833은 "19세기 프랑스 요리 기술"에서 소스를 4가지 모체 소스Moter sauce로 분류하였다.

마. 20세기 오귀스트 에스코피에 시대

요리의 거장 앙투안 카렘 이후 프랑스의 고전적인 요리를 집대성한 오귀스트 에스코피에는 "요리의 길잡이" 책에 수백 가지의 다양한 소스를 소개했다. 에스코피에는 모체 소스의 중요성을 강조하였으며 기초소스를 5가지로 정리하였다.

5가지 기초소스
에스파뇰Espagaole, 벨루테Veloute, 베샤멜Bechamel, 토마토Tomato, 홀랜다이즈Hollandaise

바. 20세기 오뜨 퀴진, 누벨 퀴진

20세기는 오뜨 퀴진, 누벨 퀴진시대로 1960~1970년대에 국제적인 고급 요리를 개발하면서 발전하였다. 열량이 높은 프랑스의 전통적인 요리로 고급스럽고 화려한 오뜨 퀴진에 대한 반작용으로 누벨 퀴진은 식품의 자연스러운 풍미, 질감, 색조를 강조하였다. 또한 지방, 설탕, 정제전분, 소금 등과 같이 몸에 해로운 재료는 최소한으로 제한하였다. 소스 농도는 밀가루나 전분보다는 크림, 버터, 생치즈, 채소, 퓌레, 요구르트, 거품 등을 사용하였다.

사. 21세기 포스트 누벨

21세기 글로벌 시대를 맞이하면서 현대요리에서는 다양한 소스를 사용하게 되었다. 특히 레시틴(유화제), 사이펀(거품), 젤리를 이용한 다양한 조리법과 영하 196℃의 액화 질소를 이용하여 올리브 오일을 냉동으로 제공하는 등 다양한 조리법이 개발되고 있다.

2. 소스(Sauce)의 기본 구성요소

스톡Stock + 농후제Thickening

가. 스톡(Stock)

소스에서 가장 기본적인 요소는 스톡Stock으로 소스의 맛을 좌우하는 중요한 요소이다. 스톡은 화이트 스톡White Stock으로 닭 육수Chicken Stock, 소고기 육수Beef Stock, 생선 육수Fish Stock를 사용하며 브라운 스톡Brown Stock은 뼈Bone와 미르포아Mire Poix를 갈색으로 색을 내서 감칠맛과 향이 나게 만드는 육수로 갈색 육수 소스의 기본 바탕이 된다.

나. 농후제(Thickening agents)

농후제는 소스를 걸쭉하게 농도를 내서 소스가 끈끈해지면 입안에 머무르는 시간이 늘어나 풍미를 오래 느낄 수 있으며 후각이나 촉각 등으로 맛을 느낄 수 있도록 한다. 주로 녹말이나 젤라틴화되는 원리를 이용한 것이다.

1) 루(Roux)

밀가루와 버터를 1:1로 볶아 고소한 풍미가 나도록 한 것으로 서양요리의 가장 대표적인 농후제이다. 건강에 대한 인식이 높아져 버터가 많이 들어가는 루 사용을 줄이는 경향이 있다. 전분을 포함한 퓌레를 활용하거나 버터양을 최소화하여 사용하기도 한다.

🔥 루(Roux) 만들기

1 밀가루와 버터를 1:1 비율로 준비한다.

2 버터 녹인 뒤 밀가루 넣어준다.

3 고소한 맛이 나도록 천천히 볶아준다.

4 화이트 루, 블론드 루, 브라운 루로 만든다.

(가) 화이트 루(White Roux)

약한 불에 색이 나지 않도록 볶은 것으로 고소한 향이 나는 것이 특징이다. 베샤멜 소스와 같은 하얀색 소스를 만들 때 사용한다.

(나) 블론드 루(Blond Roux)

화이트 루보다 약간 갈색이 날 때까지 볶은 것으로 밀가루에서 캐러멜화가 시작되기 전까지 볶는다. 크림수프나 수프를 만들기 위한 벨루테를 만들 때 사용한다.

(다) 브라운 루(Brown Roux)

짙은 갈색이 나도록 볶은 것으로 갈색 소스를 만들 때 사용한다. 육류 계통의 요리에 주로 사용하며 예전에 스테이크 소스로 많이 사용하였으나 근래에 와서는 많이 사용하지 않는다.

다. 뵈르 마니에(Beurre manie)

밀가루와 버터를 1:1 비율로 섞어 만든 것으로 향이 강한 소스의 농도를 맞출 때 사용한다. 밀가루와 버터를 반죽하여 서로 완전히 섞여 부드러질 때까지 비벼주어야 한다. 소스의 농도를 조절할 때 적당량을 넣으며 저어가면서 풀어주어야 한다.

라. 전분(Starch)

옥수수 전분, 감자 전분 등 농후제로 많이 사용한다. 특히 전분을 많이 함유하고 있다. 뜨거운 물에 쉽게 호화되므로 찬물이나 육수에 섞어두었다가 조금씩 넣으면서 농도를 내야 한다.

마. 달걀(Eggs)

달걀 노른자를 이용하여 농도를 낸다. 홀랜다이즈 소스나 앙글레이즈 디저트 소스가 대표적이며 달걀 노른자를 농후제로 사용할 때는 온도가 높으면 익어버려 뭉칠 수 있고 가열이 부족하면 달걀 비린내가 날 수 있으니 주의한다.

바. 버터(Butter)

버터를 이용한 농후제는 소스를 끓인 다음 버터의 풍미를 더하기 위해 불에서 내려 버터를 넣고 잘 저어주면 농도가 난다. 버터는 높은 온도에서 가열하면 물과 기름이 분리되어 농후제 역할을 할 수 없다.

3. 양식 소스의 분류

소스의 분류는 일반적으로 색에 의한 분류, 용도별·맛과 색·주재료에 따라 분류하고 있으며 이 책에서는 색에 의한 분류를 바탕으로 주재료에 따라 소스를 분류하고자 한다. 주재료에 따라 다양한 소스를 분류하게 되면 소스의 맛을 그림으로 그릴 수 있게 되고 다양한 소스를 이해할 수 있다. 본 책에서는 주재료에 따라 소스를 분류하고 소스 지도를 통해 소스를 이해하고 개발할 수 있도록 하고자 한다.

가. 색에 의한 5가지 모체 소스 분류

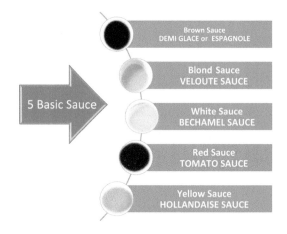

색 분류	갈색	흰색	블론드색(미색)	적색	노란색
모체 소스	Demi-Glace Sauce	Bechamel Sauce	Veloute Sauce	Tomato Sauce	Hollandaise Sauce
설명	브라운 스톡을 농축시켜 만든다. 주로 육류 요리 사용	우유와 흰색 루로 만든다. 주로 닭, 생선 요리 등 사용	생선 육수, 닭 육수, 소고기 육수 등 사용 생선, 닭 요리 사용	토마토로 만든 소스로 파스타, 피자 요리 등에 사용	달걀 노른자와 정제 버터로 만든 소스 생선 요리, 채소, 달걀요리 등에 사용
파생 소스	Chateaubriand Colbert Porto Maderia Hunter Perigueux Perigourdin Bordelaise Bigarade	Mornay Modern Nantua Carinal Soubise Caper Cream	Supreme Allemande Aurora Ivory Cardinal Normamdy Albufera Bercy	Pizza Meat Napolitan Bolonaise Provencale	Bearnaize Foyot Maltase Mousseline Rachel Cantilly

5가지 모체 소스 색에 의한 소스 분류

나. 주재료에 의한 소스 분류

1) 갈색 육수(Brown Stock)계

브라운 스톡을 졸여 걸쭉하게 만들거나 농후제를 넣고 농도를 조절하여 만든 소스이다. 에스파뇰Espagnole 소스라고도 한다. 브라운 소스는 오랜 시간 끓여서 만들기 때문에 깊은 맛을 느낄 수 있으며 맛과 향이 우수하다. 대표적인 소스는 데미글라스 소스이다.

데미글라스에 화이트 와인, 레드 와인, 강화 와인, 와인 식초 등을 넣거나 다양한 식재료를 첨가하여 파생 소스를 만들 수 있다.

다음 소스 지도를 통해 다양한 파생 소스를 만들 수 있다.

갈색 소스(Brown Stock Map)

2) 흰색 육수(White Stock)

송아지(소고기) 육수, 닭 육수, 생선 육수를 이용한 소스로 벨루테 소스라고 한다. 흰색 육수에 화이트 루White Roux를 넣어 만든 대표적인 화이트 루 소스이다. 벨루테 소스는 스톡의 질이 좋아야 풍미 있고 부드럽게 만들 수 있다. 대표적인 벨루테 소스의 파생 소스는 알망데Allenmande, 백포도주 소스White Wine Sauce, 슈프림 소스Supreme Sauce이며 이 세 가지 소스를 바탕으로 다양한 파생 소스를 만들 수 있다.

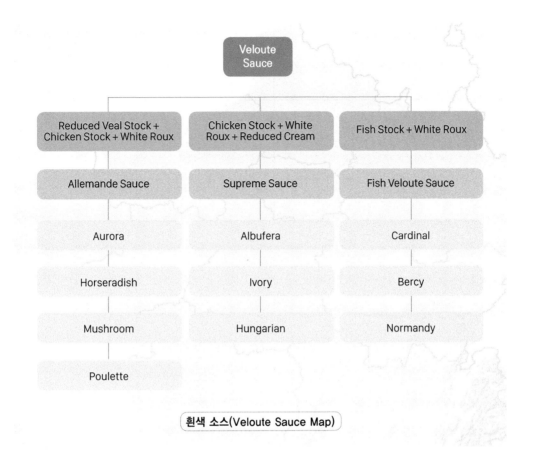

휜색 소스(Veloute Sauce Map)

3) 토마토 소스(Tomato Sauce)

토마토 소스는 토마토와 흰 육수, 채소 스톡, 채소와 허브, 스파이스를 넣어 만든다. 고전적인 방식에서는 농후제를 사용하기도 했으며 이탈리아식, 프랑스식, 멕시칸식의 3가지로 구분할 수 있으며 이탈리아식 나폴리탄, 볼로네이즈, 프랑스식은 프로방살, 크레올, 멕시칸식은 나초, 토마토 살사 등이 있다.

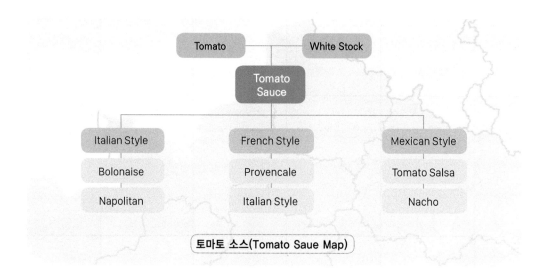

토마토 소스(Tomato Saue Map)

4) 우유 소스(Milk Sauce)

프랑스의 황제 루이 14세 시절 그의 집사였던 루이스 베샤멜^{Louis de Bechamel}의 이름에서 유래된 소스로 프랑스 소스 중 가장 먼저 모체 소스로 사용되었다. 우유에 루^{Roux}를 넣고 농도를 맞춘 뒤 향신료를 가미한 소스이다. 베샤멜 소스를 모체 소스로 하여 모르네이, 낭투아, 크림, 모던 소스 등의 파생 소스가 있다.

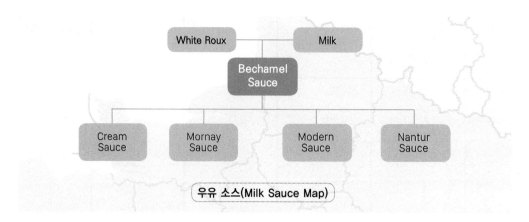

우유 소스(Milk Sauce Map)

5) 오일 소스(Oil Sauce)

주로 샐러드 소스로 많이 이용되며 식초+오일의 비네그레트 계통과 달걀 노른자+오일의 마요네즈 계통의 소스로 나눌 수 있으며 비네그레트 소스의 파생 소스로 적포도주 비네그레트, 발사믹 비네그레트, 페스토 비네그레트 소스가 있으며, 마요네즈 계통의 소스로 다우저드 아일랜드, 티롤리엔느, 아이올리 소스가 있다.

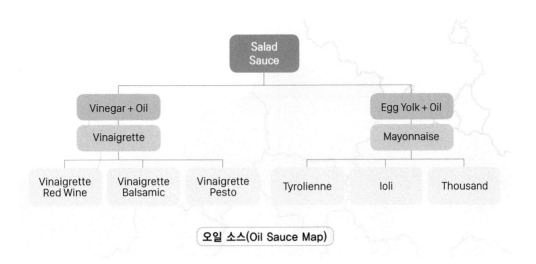

오일 소스(Oil Sauce Map)

6) 버터 소스(Butter Sauce)

에멀전^{Emulsion}은 '젖을 짜다'라는 뜻의 라틴어 어원에서 나왔다. 원래는 견과류나 식물 조직과 열매를 압착해서 짜낸 우유처럼 생긴 액체를 말한다. 견과류에서 짜낸 액체, 달걀 노른자, 우유, 크림은 천연 유화액이다. 버터 소스의 모체 소스인 홀랜다이즈 소스는 달 걀 노른자와 버터를 유화한 대표적인 소스이다. 홀랜다이즈 소스의 파생 소스로 베어네 이즈, 쇼롱, 포요트, 말타아즈 등 다양한 파생 소스가 있다.

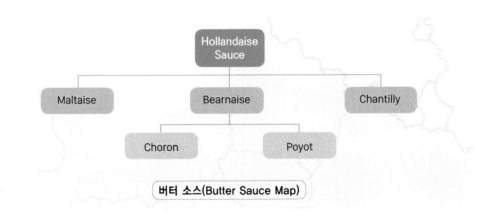

버터 소스(Butter Sauce Map)

7) 디저트 소스(Dessert Sauce)

식사의 끝을 우아하고 향기롭고, 시각적으로 즐겁게 해주는 요리이다. 디저트의 3요 소인 단맛^{Sweet}, 풍미^{Flavor}, 과일^{Fuits}이 모두 포함되어야 훌륭한 디저트라 할 수 있다. 디저 트 소스는 앙글레이즈 소스, 쿨리 소스로 나눌 수 있으며, 앙글레이즈 소스의 파생 소스로 사바용, 바닐라, 커스터드 크림, 쿨리 소스는 사과, 키위, 망고 쿨리 소스가 있다.

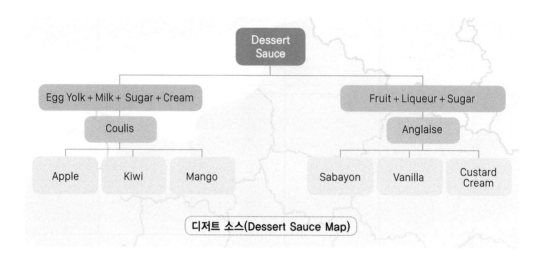

디저트 소스(Dessert Sauce Map)

8) 스페셜(Special) 소스

(가) 살사 소스(Salsa Sauce)

허브, 채소, 과일을 작은 주사위 모양으로 잘라 만든 멕시코 스타일의 소스이다. 살사류 소스는 조리법이 단순하고 건강식으로 많은 사람들이 좋아하는 소스이다. 멕시코 전통음식인 토르티야 요리에 사용되며 매운 고추, 고수, 라임 주스, 토마토 등이 들어가 매운맛의 소스이다.

(나) 처트니(Chutney)

처트니는 인도 음식과 곁들여 먹는 양념으로 인도의 전통적인 처트니는 돌절구에 넣고 갈아서 만든다. 풋과일에 식초, 설탕, 향신료를 넣어 걸쭉하게 끓여서 만든다. 지역과 계절에 따라 재료를 달리하여 다양한 처트니를 만들 수 있다. 일반적으로 과일이나 단맛이 없는 채소를 이용한다. 종류로는 망고 처트니, 민트 처트니, 코코넛 처트니 등이 있다.

(다) 파테와 차가운 로스트 미트에 곁들여 먹는 과일 소스

양갈비 구이에 민트 젤리, 구운 칠면조에 크랜베리 소스, 파테와 차가운 로스트 비프에 곁들여지는 컴버랜드 소스 등이 있으며 향긋하고 맛이 좋다.

4

수프Soup

수프는 생선, 육류, 생선, 채소 등에 향신료를 넣어 끓인 육수Stock 즉 퐁드Fond나 부용Bouillon을 기초로 하여 만든 국물 요리이다. 영어에서 수프의 원래 의미는 불어로 포타주라고 한다. 포타주는 포트에 익혀 먹다라는 뜻이다. 현대에는 수프와 포타주가 동의어로 사용되는 경우가 있지만, 예전에는 채소나 육류, 생선육류를 이용해서 만든 맑은 수프에 빵이나 파스타, 잡곡류를 곁들여 내는 것이 일반화되었었다.

1. 수프의 기원

고대 로마시대에는 빵을 포도주에 적셔서 먹었는데 이 당시에는 제빵 기술이 지금처럼 발전하지 못한 관계로 조금만 시간이 지나도 단단해져서 딱딱한 빵을 와인이나 육즙에 담가 부드러워진 다음에 먹은 것으로 보인다.

2. 수프의 3대 구성요소

가. 육수(Stock)

육수는 수프를 구성하는 가장 기본이 되는 요소이다. 생선, 닭고기, 소고기, 채소와 같은 식재료의 맛을 낸 국물로서, 수프가 가지고 있는 본래의 맛을 낼 수 있게 하는 가장 중요한 요소이다.

나. 농후제(Thickening Agents)

수프의 농도를 조절하는 농후제로 가장 많이 사용하는 것은 루Roux이다. 밀가루를 색이 나지 않도록 만들어 수프에 넣는다. 전분 성분이 있는 감자를 비롯하여 달걀 노른자, 크림, 쌀, 뵈르 마니에Beurre manie 등을 사용하기도 한다.

다. 곁들임(Garnish)

수프의 맛을 좋게 하거나 모양을 예쁘게 하는 역할을 하는 것이 곁들임^{Garnish} 재료들이다. 곁들임 재료로 많이 사용되는 것이 빵을 작은 사각형으로 잘라 구운 크루통^{Crouton} 등으로 빵을 구워 많이 사용하며 육류, 가금류, 생선류, 채소, 향신료를 사용한다. 곁들임은 수프와 어울리며 조화가 잘 이루어져야 한다.

3. 수프의 종류

가. 맑은 수프(Clear Soup)

맑은 수프는 콩소메 수프가 대표적이며 달걀 흰자를 이용해 불순물을 제거하여 만든다. 수프의 색이 깔끔하고 투명한 색과 재료의 맛과 향이 국물에 스며들어 풍부한 맛을 낸다. 종류로는 콩소메 수프^{Consomme Soup}, 프랑스식 양파 수프^{French Onion Soup}, 채소 맑은 수프^{Clear Vegetable soup}, 로얄 수프^{Royal soup} 등이 있다.

나. 진한 수프(Thick Soup)

우리나라 사람들에게 가장 대중적인 수프로 '죽'과 비슷한 요리이다. 크림이 들어가 맛이 부드럽고 감촉이 좋은 수프로 주재료를 이용해 농도를 내거나 루^{Roux}를 넣거나 다른 재료를 이용해 농도를 조절한다. 진한 수프는 주재료의 맛을 최대한 보존하면서 만들어야 한다. 종류로는 감자 수프, 당근 크림 수프, 아스파라거스 크림 수프, 브로콜리 크림 수프 등이 있다.

다. 비스큐 수프(Bisques Soup)

바닷가재나 새우 등의 갑각류 껍질을 구워 으깬 뒤 채소와 함께 맛이 우러나도록 끓이는 수프이며, 크림을 마무리로 넣어준다. 갑각류의 구수한 맛이 나며 토마토를 넣어 풍부한 맛이 나야 한다.

라. 차가운 수프(Cold Soup)

유럽이나 미주에서는 수프를 차게 해서 자주 먹는다. 대표적인 수프가 가스파초^{Gazpacho}이다. 오이, 토마토, 양파, 피망, 빵가루에 올리브 오일과 마늘을 곁들여 얼음과 같이 내는 가스파초^{Gazpacho}의 뜻은 '물에 불린 빵'이다. 차가운 수프의 종류로는 차가운 감자 수프(비시수아즈)^{Cold Potato Soup(Vichyssoise)} 등이 있다.

마. 스페셜 수프(Special Soup)

특정 지역에 기원이 있는 전통과 역사를 가지고 있는 수프가 많다. 각 나라별, 지역별로 특별하게 개발되어 내려오는 수프이다. 프랑스의 어니언 그라탱 수프^{French Onion Gratin Soup}, 이탈리아의 미네스트로네^{Minestrone} 등이 대표적이다.

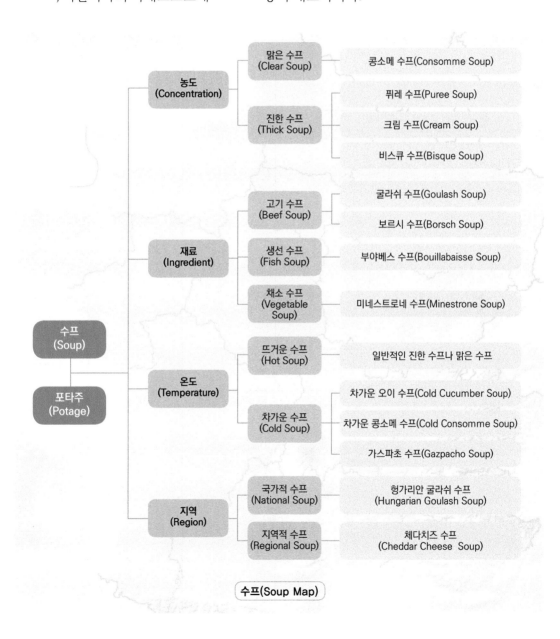

수프(Soup Map)

PART 2

프로덕션
실무조리

육수

1. 치킨 스톡(Chicken Stock)

2. 생선 스톡(Fish Stock)

3. 소고기 육수(Beef Stock)

4. 쿠르부용(Court Bouillon)

5. 브라운 스톡(Brown Stock)

치킨 스톡

Chicken Stock

재료

닭뼈(Chicken Bone)	500g
양파(Onion)	60g
당근(Carrot)	30g
셀러리(Celery)	30g
마늘(Garlic)	3개
통후추(Whole Pepper)	10개
월계수 잎(Bay Leaves)	3장
정향(Cloves)	1개
타임(Thyme)	1g
물(차가운 물)	2리터

1 닭은 찬물에 담가 놓고, 양파, 당근, 셀러리(미르포아)는 자르고 허브와 스파이스를 준비한다.
2 닭뼈를 찬물에 넣고 삶아 거품이 생기면 흐르는 물에 깨끗하게 씻어준다.

3 물 넣고 미르포아(양파, 당근, 셀러리), 허브, 향신료를 넣고 천천히 끓인다. → 시머링(Simmering)
4 천천히 끓이면서 기름과 거품이 생기면 제거해 준다. → 스키밍(Skimming)

5 2시간 정도 충분히 끓인 뒤 면포에 걸러준다. → 거르기(strain through sieve)
6 완성된 스톡은 얼음물이나 찬물에 빨리 식혀 냉장고에 보관하면서 사용한다.

생선 스톡

Fish Stock

재료

생선뼈(Fish Bone)	200g
버터(Butter)	20g
양파(Onion)	60g
양송이(Mushroom)	30g
셀러리(Celery)	30g
마늘(Garlic)	3개
통후추(Whole Pepper)	10개
월계수 잎(Bay Leaves)	3장
화이트 와인(White Wine)	30ml
타임(Thyme)	1g
물(차가운 물)	2리터

1 생선뼈는 찬물에 담가 핏물을 제거하고 양파, 셀러리, 양송이, 마늘은 얇게 슬라이스하고 허브를 준비한다. → 재료준비(Mise en Place)

2 냄비에 버터 넣고 생선뼈 볶다가 양파, 셀러리, 양송이, 마늘 넣고 볶는다.

3 생선뼈와 채소가 볶아지면 화이트 와인 넣고 조려준다.

4 찬물 1리터 넣고 천천히 끓여준다. → 시머링(Simmering)

5 생선 육수가 끓어오르면 거품과 불순물을 제거하면서 끓여준다. → 스키밍(Skimming)

6 생선 육수가 완성되면 고운체나 면포로 걸러준다.

7 완성된 생선 육수는 얼음물에 완전히 식혀 냉장고에 보관하면서 사용한다.

소고기 육수

Beef Stock

재료

소뼈(Beef Bone)	500g
소고기(Beef Meat)	200g
양파(Onion)	60g
당근(Carrot)	30g
셀러리(Celery)	30g
마늘(Garlic)	3개
통후추(Whole Pepper)	10개
월계수 잎(Bay Leaves)	3장
정향(Cloves)	1개
타임(Thyme)	1g
물(차가운 물)	2리터

1   양파, 당근, 셀러리, 대파, 마늘은 적당한 크기로 자른다.

2   소고기, 소뼈는 찬물에 담가 핏물을 제거한다.

3   소고기, 소뼈, 찬물 넣고 끓여 거품 나면 흐르는 물에 씻어 준비하고, 차가운 물을 넣어준다.

4   준비한 향신채소와 월계수 잎, 통후추, 허브를 첨가한다.

5   고기 육수가 끓기 시작하면 불을 줄여 천천히 끓인다. → 시머링(Simmering)

6   육수에 거품이 떠오르면 국자로 걷어낸다 → 스키밍(Skimming)

7   소고기 육수가 완성되면 고운체나 면포에 걸러준다.

8   완성된 육수는 얼음물에 완전히 식혀 냉장고에 보관하면서 사용한다.

브라운 스톡

Brown Stock

재료

재료	분량
소뼈(Beef Bone)	500g
양파(Onion)	60g
당근(Carrot)	30g
셀러리(Celery)	30g
토마토(Tomato)	30g
토마토 페이스트(Tomato Paste)	30g
마늘(Garlic)	3개
대파(Leek)	30g
통후추(Whole Pepper)	10개
월계수 잎(Bay Leaves)	3장
정향(Cloves)	1개
타임(Thyme)	1g
소고기 육수(Beef Stock)	2리터

1　브라운 스톡(Brown Stock)에 들어갈 향신채소(미르포아) 양파, 당근, 셀러리, 마늘, 대파, 토마토 를 적당한 크기로 준비한다.

2　소뼈와 닭뼈는 찬물에 담가 핏물을 제거하고 180℃ 오븐에서 갈색으로 굽는다.

3　향신채소(미르포아), 버터 넣고 갈색으로 볶아 토마토 페이스트 첨가해서 한 번 더 볶는다.

4　갈색으로 구운 소뼈와 닭뼈를 넣고 찬물 넣고 천천히 끓여준다. → 시머링(Simmering)

5　육수에 거품이 떠오르면 국자로 조심히 걷어낸다. → 스키밍(Skimming)

6　브라운 스톡(Brown Stock)이 완성되면 고운체나 면포에 걸러준다.

7　완성된 육수는 얼음물에 완전히 식혀 냉장고에 보관하면서 사용한다.

쿠르부용

Court Bouillon

재료

양파(Onion)	60g
셀러리(Celery)	30g
통후추(Whole Pepper)	10개
월계수 잎(Bay Leaves)	3장
타임(Thyme)	1g
식초(Vinegar)	30ml
레몬(Lemon)	1ea
화이트 와인(White Wine)	30ml
소금(Salt)	2g

1   양파, 셀러리는 적당한 크기로 자르고 파슬리 줄기, 타임, 레몬을 준비한다.

2   냄비에 차가운 물 1리터 넣고 양파, 셀러리, 파슬리 줄기, 타임 넣고 끓여준다.

3   끓기 시작하면 화이트 와인과 식초 넣고 소금으로 간을 한 후 레몬즙을 넣는다.

4   채소 향이 충분히 우러날 때까지 끓이면서 떠오르는 거품과 불순물을 제거한다.

5   쿠르부용이 완성되면 고운체나 면포에 거른다.

6   완성된 쿠르부용은 새우나 생선 등 해산물을 포칭(Poaching)할 때 사용한다.

소스

1. 베샤멜 소스(Bechamel Sauce)

2. 벨루테 소스(Veloute Sauce)

3. 토마토 소스(Tomato Sauce)

4. 브라운 소스(Brown Sauce)

5. 홀랜다이즈 소스(Hollandaise Sauce)

베샤멜 소스

Bechamel Sauce

재료

버터(Butter)	30g
밀가루(Flour)	30g
우유(Milk)	500ml
양파(Onion)	80g
정향(Cloves)	1개
통후추(Whole Pepper)	10개
월계수 잎(Bay Leaf)	1장
소금, 후추(Salt & Pepper)	1개

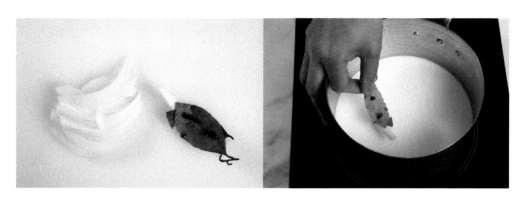

1 양파는 슬라이스하고, 양파 조각에 월계수 잎 올리고 정향으로 꽂아서 준비한다.
2 냄비에 우유 올리고 양파, 향신료 넣고 은근히 끓여준다.

3 맛과 향이 충분히 우러나면 우유를 고운체에 거른다.
4 버터와 밀가루를 1:1로 넣고 화이트 루를 볶는다.
5 화이트 루가 완성되면 우유 천천히 넣으면서 풀어준다.

6 충분히 풀려 상아색이 나면 소금으로 간을 하고 고운체에 거른다.

벨루테 소스

Veloute Sauce

재료

닭 육수(Chicken Stock)	500ml
버터(Butter)	30g
밀가루(Flour)	30g

1 두꺼운 냄비에 버터 녹이고 밀가루를 1:1로 넣는다.
2 약한 불에서 천천히 볶아 블론드 색이 될 때까지 볶는다.

3 블론드 루에 닭 육수 1/3을 천천히 부어가면서 충분히 풀어준다(상아색).
4 나머지 닭 육수를 조금씩 넣으면서 농도를 맞춘다.

5 적당한 농도가 되면 고운체에 거른다.
6 벨루테 소스가 완성되면 식혀서 냉장고에 보관하면서 사용한다.

토마토 소스

Tomato Sauce

재료

토마토 홀(Tomato Whole)	300g
양파(Onion)	60g
당근(Carrot)	30g
셀러리(Celery)	30g
마늘(Garlic)	2개
올리브 오일(Olive Oil)	20ml
월계수 잎(Bay Leaves)	2장
바질(Basil)	3g
타임(Thyme)	1g
소금, 후추(Salt & Pepper)	적당량

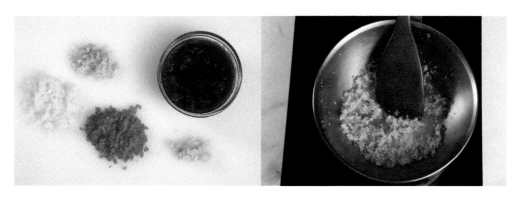

1   양파, 셀러리, 당근, 마늘 곱게 다지고 토마토 홀 다져서 준비한다.

2   팬에 올리브 오일 넣고 마늘 넣고 볶다가 양파 넣고 투명해질 때까지 볶는다.

3   당근, 셀러리 넣고 충분히 볶아준다.

4   채소가 충분히 볶아지면 토마토 홀 다진 것 넣고 살짝 볶아준다.

5   토마토 소스가 끓기 시작하면 맛이 우러날 때까지 천천히 끓인다.

6   생바질을 칼이나 손으로 잘라 넣고 바질향이 퍼지도록 살짝 섞는다.

7   소금, 후추로 간을 한다.

브라운 소스

Brown Sauce(Demi-Glace Sauce)

재료

브라운 스톡(Brown Stock)	1000ml
양파(Onion)	60g
당근(Carrot)	30g
셀러리(Celery)	30g
마늘(Garlic)	3개
통후추(Whole Pepper)	10개
월계수 잎(Bay Leaves)	3장
버터(Butter)	60g
타임(Thyme)	1g
밀가루(Flour)	60g
토마토 페이스트(Tomato Paste)	30g

1 양파, 셀러리, 당근(미르포아) 얇게 채 썰어 준비한다.
2 팬에 버터 넣고 양파, 셀러리, 당근을 갈색으로 볶는다.

3 채소가 갈색으로 볶아지면 토마토 페이스트 넣고 신맛이 없어지도록 볶아준다.
4 버터와 밀가루 1:1로 섞어 브라운 루를 만들어 넣어준다.

5 브라운 스톡 넣고 풀어 천천히 끓여준다. → 시머링(Simmering)
6 뜨는 거품과 불순물을 제거하고 고운체로 걸러 완성한다. → 스키밍(Skimming)

홀랜다이즈 소스

Hollandaise Sauce

재료

정제 버터(Clarified Butter)	150g
달걀 노른자(Egg Yolk)	2개
레몬(Lemon)	1/4개
물(Water)	20ml
샬롯(Shallot)	10g
통후추(Whole Pepper)	10개
월계수 잎(Bay Leaf)	1장
파슬리 줄기(Parsley Stem)	1잎
화이트 와인(White Wine)	15ml
식초(Vinegar)	3ml

1　냄비에 샬롯 다진 것, 물, 식초, 월계수 잎, 통후추 넣고 허브 에센스(Herb Essence)를 만든다.

2　완성된 허브 에센스를 면포에 걸러준다.

3　버터를 중탕하여 정제 버터를 만들어준다.

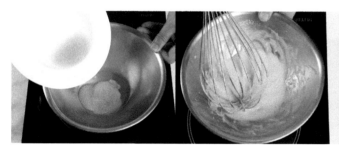

4　달걀 노른자에 허브 에센스를 적당량 넣어준다.

5　허브 에센스 넣은 달걀 노른자를 중탕하여 천천히 익혀 준다.

6　달걀이 크림화되면 정제 버터 넣어 천천히 저어준다(Emulsion).

7　달걀 노른자와 버터가 유화되어 농도가 나면 소금으로 간을 한다.

8　면포를 이용해서 홀랜다이즈 소스를 걸러 사용한다.

PART 3

프로덕션
실무조리
실습

1주차

Chicken Stock
치킨 스톡

재료

Chicken Bone(닭뼈)	1kg	Whole Pepper(통후추)	6ea
Onion(양파)	150g	Leek(대파)	60g
Carrot(당근)	80g	Fresh Thyme(타임)	2g
Celery(셀러리)	80g	Garlic(마늘)	2ea
Bay Leaf(월계수 잎)	3ea	Water(물)	3lt

Method(조리방법)

치킨 스톡 준비(Chicken Stock Mise en Place)

1 닭뼈 찬물에 담가 핏물을 제거한다.

2 양파, 당근, 셀러리, 대파 큼직하게 썰어 미르포아를 준비한다.

3 셀러리 줄기에 월계수 잎, 타임, 마늘을 실로 묶어 부케가르니를 만든다.

치킨 스톡 만들기(Chicken Stock Cooking)

1 찬물에 닭뼈 넣고 끓인다. 물이 끓어오르면 물을 버리고 닭뼈를 흐르는 물에 깨끗이 씻어 핏물과 불순물을 제거한다.

2 소스 통에 닭뼈, 물 3리터, 미르포아 넣고 찬물에서부터 끓인다.

3 치킨 스톡의 표면에 떠오르는 기름과 불순물을 국자로 제거한다.

4 부케가르니와 통후추를 넣고 천천히 시머링한다.

치킨 스톡(Chicken Stock) 완성하기

1 치킨 스톡이 맑고 투명하게 끓여졌으면 면포에 걸러준다.

2 흐르는 물이나 얼음물에 넣고 완전히 식힌다.

3 진공팩이나 통에 담고 제품명, 제조날짜, 제조자 등을 작성하여 보관하여 사용한다.

Chicken Roulad with Mashed Potato in Orange Sauce
오렌지 소스를 곁들인 닭 룰라드에 매쉬드 포테이토

재료

Chicken(닭)	1ea		Orange(오렌지)	1ea
Dried Apricots(건살구)	30g		Fresh Cream(생크림)	50ml
Raisin(건포도)	20g		Red Wine(레드 와인)	60ml
Whole Grain Bread(곡물빵)	1ea		Brandy(브랜디)	5ml
Thyme(타임)	2g		Olive Oil(올리브 오일)	10ml
Rosemary(로즈메리)	2g		Salad Oil(샐러드 오일)	45ml
Egg(달걀)	1ea		Flour(밀가루)	15g
Broccoli(브로콜리)	30g		Whole Pepper(통후추)	2g
Tomato(토마토)	1ea		Carrot(당근)	30g
Potato(감자)	1ea		Garlic(마늘)	1ea
Sugar(설탕)	15g		Salt & Pepper(소금 & 후추)	some

Method(조리방법)

닭 발골(Chicken Deboning)

1 먼저 닭의 양쪽 날개를 제거한다.

2 척추를 중심으로 닭의 등 쪽에 길게 칼집을 넣어준 뒤, 양쪽 다리를 잡고 꺾어 다리를 눌러준다.

3 닭의 어깨 연골 부분에 정확히 칼집을 넣어 닭 날개를 분리한다.

4 닭의 등에서부터 등 쪽 살을 발라내고 이어서 탈골시켜 두었던 다리와 닭 안심 부위를 도려낸다. 반대편도 똑같이 한다.

5 날개와 다리는 뼈를 따라 길게 칼집을 넣어준 뒤 칼로 살살 칼집을 넣어 밀면서 뼈와 살을 분리해 낸다. 연골 부위는 특히 조심스럽게 도려낸다.

6 한 장 뜨기 된 닭을 펼쳐서 뼈가 있는지 확인하고 비닐로 덮어준 뒤 미트 텐저라이저(Meat Tenderizer)로 골고루 두드려 펴고 칼끝으로 힘줄을 끊어준다.

닭 룰라드(Chicken Roulad)

1 한 장 뜨기로 한 닭은 올리브유, 통후추, 로즈메리, 타임으로 마리네이드해 냉장고에 보관한다.

2 식빵은 작은 주사위 모양으로 잘라 올리브유, 마늘 다져 넣고 160℃ 오븐에서 12분간 굽는다.

3 오븐에 구워낸 빵에 건살구, 건포도, 로즈메리, 달걀을 넣어 반죽한다.

4 김발에 비닐을 깔고 마리네이드한 치킨을 올린 뒤 만들어둔 반죽을 넣고 둥글게 돌돌 말아 조리용 실로 묶어준다.

5 팬에 올리브유 두르고 굽다가 브랜디로 플랑베하고 버터로 베이스팅하여 향과 맛을 더한다.

6 180℃ 오븐에 넣고 12분간 구워 익힌 후 먹기 좋은 크기로 자른다.

더운 채소(Hot Vegetable)

1 감자는 껍질을 벗겨 물에 소금 넣고 푹 익혀 체에 내린다. 체에 내린 감자에 버터, 생크림, 소금, 후추, 넛맥 넣고 섞어 매쉬드 포테이토를 만든다.

2 끓는 물에 브로콜리, 방울토마토 데쳐 껍질을 제거하고 올리브유, 마늘, 소금, 후추, 타임 넣어 160℃ 오븐에서 8분간 구워준다.

3 브로콜리는 끓는 물에 데쳐 버터에 볶아 소금, 후추로 간해서 완성한다.

4 밀가루 15g, 물 75ml, 식용유 45ml를 잘 섞어 팬에 넣어 튀일을 만든다.

오렌지 소스(Orange Sauce)

1 설탕 15g을 팬에 넣고 캐러멜라이징하고 적포도주, 오렌지주스, 오렌지 제스트 넣고 조려준다.

2 오렌지 소스 농도가 생기면 오렌지 세그먼트 넣고 끓여 완성한다.

접시 담기(Plaiting)

1 접시 바닥에 으깬 감자 올리고 치킨 룰라드 올려준다.

2 브로콜리, 오븐 드라이 토마토 올리고 튀일 올려준다.

3 소스 뿌리고 로즈메리로 장식해서 완성한다.

MEMO

2주차

Spaghetti Tomato Sauce
스파게티 토마토 소스

재료

Tomato Whole(토마토 홀)	300g	Basil(바질)	3g
Tomato Puree(토마토 퓨레)	200g	Bay Leaves(월계수 잎)	2ea
Garlic(마늘)	30g	Salt(소금)	1g
Onion(양파)	60g	Pepper(후추)	1g
Sugar(설탕)	30g	Spaghetti(스파게티)	60g
Olive Oil(올리브 오일)	15ml		

Method(조리방법)

토마토 소스 준비(Tomato Sauce Mise en Place)

1 토마토를 끓는 물에 삶아 껍질을 제거하고 4등분하여 씨 제거하고 작은 주사위 모양으로 자른다.

2 양파 1개와 마늘 3쪽을 곱게 다진다.

3 토마토 홀은 잘게 다져 준비한다.

4 찬물에 담가 싱싱하게 해둔 바질은 깨끗이 씻어 물기를 제거한다.

토마토 소스 만들기(Tomato Sauce Cooking)

1 팬을 달구고 올리브 오일 두른 뒤 다진 양파와 마늘 넣어 볶는다.

2 팬에 토마토 퓌레 넣고 살짝 볶아준 다음 토마토 홀 다진 것을 넣는다.

3 월계수 잎 2장을 넣고 10~15분 정도 은근하게 끓여준다(시머링).

4 소스에 소금과 후추를 넣어 간하고 생바질째 썰어 소스에 넣는다.

5 월계수 잎 건져내고 믹서기에 토마토 소스를 갈아 체에 걸러 사용하거나 기호에 따라 건더기 있게 사용하기도 한다.

토마토 소스 스파게티(Tomato Sauce Spaghetti)

1 냄비에 물고 소금, 올리브 오일을 약간 넣고 스파게티를 7분 정도 삶는다.

2 면이 삶아지면 체에 건져 올리브 오일을 뿌려 버무려 둔다.

3 팬에 올리브 오일을 두른 뒤 스파게티 면을 넣고 약한 불에서 볶아준다. 소금, 후추 간을 한다.

4 면이 볶아지면 토마토 소스를 넣고 면에 토마토 소스 맛이 스며들도록 한다. 통바질 잎을 잘라 넣어 향을 첨가한다.

접시에 담기(Plaiting)

1 파스타를 나무젓가락으로 둥글게 말아 접시에 담는다.

2 파스타 위에 팔마산 치즈 갈아서 올리고 바질로 장식해서 완성한다.

MEMO

Spaghetti Bolonaise Sauce
스파게티 볼로네이즈 소스

재료

Beef Ground(소고기 민찌)	80g	White Wine(화이트 와인)	10ml
Tomato Whole(토마토 홀)	300g	Oregano(오레가노)	1g
Tomato Puree(토마토 퓌레)	80g	Tabasco(타바스코)	1g
Tomato Paste(토마토 페이스트)	45g	Bay Leaves(월계수 잎)	2pc.
Garlic(마늘)	10g	Olive Oil(올리브 오일)	20ml
Carrot(당근)	50g	Salt(소금)	1g
Onion(양파)	100g	Pepper(후추)	1g
Celery(셀러리)	50g	Spaghetti(스파게티)	60g
Red Wine(레드 와인)	30ml	Basil(바질)	3g

Method(조리방법)

볼로네이즈 소스 준비(Bolonaise Sauce Mise en Place)

1 토마토를 끓는 물에 데쳐서 껍질을 제거하고 작은 주사위 모양으로 자른다.

2 소고기는 다져서 핏물을 제거한다.

3 양파 1개와 마늘 3쪽을 곱게 다진다.

4 토마토 홀은 잘게 다져 준비한다.

5 찬물에 담가 싱싱하게 해둔 바질은 깨끗이 씻어 물기를 제거한다.

볼로네이즈 소스 만들기(Bolonaise Sauce Cooking)

1 다진 소고기 소금, 후추 해서 마늘 넣고 볶아 준비한다.

2 팬을 달구고 올리브 오일 두른 뒤 다진 양파 넣고 볶다가 토마토 페이스트 넣고 볶는다.

3 팬에 토마토 퓌레 넣고 살짝 볶아준 다음 토마토 홀 다진 것을 넣고 소고기 볶은 것 넣고 치킨 스톡 넣고 끓여준다.

4 월계수 잎 2장을 넣고 10~15분 정도 은근하게 끓여준다(시머링).

5 소스에 소금과 후추를 넣고 간을 하고 오레가노 넣어 살짝 끓여 완성한다.

볼로네이즈 소스 스파게티(Bolonaise Sauce Spaghetti)

1 냄비에 물과 소금, 올리브 오일을 약간 넣고 스파게티를 7분 정도 삶는다.

2 면이 삶아지면 체에 건져 올리브 오일을 뿌려 버무려 둔다.

3 팬에 올리브 오일을 두른 뒤 스파게티 면을 넣고 약한 불에서 볶아준다. 소금, 후추 간을 한다.

4 면이 볶아지면 볼로네이즈 소스를 넣고 면에 소스 맛이 스며들도록 한다. 바질 잎을 잘라 넣어 향을 첨가한다.

접시에 담기(Plaiting)

1 파스타를 나무젓가락으로 둥글게 말아 접시에 담는다.

2 파스타 위에 팔마산 치즈 갈아서 올리고 바질로 장식해서 완성한다.

MEMO

Spaghetti Carbonara
스파게티 까르보나라

재료

Onion(양파)	100g	Black Pepper Whole(검은 통후추)	2g
Mushroom(양송이)	50g	Parmigiano Reggiano	
Fresh Cream(생크림)	500ml	(파르미지아노 레지아노)	20g
Bacon(베이컨)	50g	Salt(소금)	1g
Egg Yolk(달걀 노른자)	1ea	Spaghetti(스파게티)	60g
Butter(버터)	50g	Fresh Tomato(토마토)	1/4ea
Parsley(파슬리)	1g	Broccoli(브로콜리)	50g

Method(조리방법)

까르보나라 소스 준비(Carbonara Sauce Mise en Place)

1 양파는 채로 썰고, 양송이 슬라이스, 베이컨은 먹기 좋은 크기로 자른다.

2 토마토는 껍질 벗겨 작은 주사위 모양으로 자른다.

3 달걀은 노른자만 따로 준비하고 팔마산 치즈는 강판에 갈아 준비한다.

4 통후추는 으깨서 준비한다.

까르보나라 소스 만들기(Carbonara Sauce Cooking)

1 팬에 베이컨을 넣고 약한 불에 볶는다.

2 양파, 양송이 넣고 버터로 볶다가 소금, 후추로 간을 한다.

3 생크림 250ml에 달걀 노른자. 팔마산 치즈 넣고 소금, 후추 해서 불을 줄이고 조심스럽게 넣는다.

4 남은 생크림 넣고 천천히 끓여 농도를 맞춘 후 간을 해서 완성한다.

까르보나라 소스 스파게티(Carbonara Sauce Spaghetti)

1 면을 삶아 체에 건져 올리브 오일을 뿌려 버무려 놓는다.

2 양파 채썰고 브로콜리 끓는 물에 살짝 데쳐 한입 크기로 준비한다.

3 팬에 버터 넣고 양파를 볶다가 브로콜리와 스파게티 면을 넣고 소금, 후추 간하여 볶는다.

4 면이 엉기기 시작하면 까르보나라 소스를 넣고 잘 섞어 완성한다.

접시에 담기(Plaiting)

1 파스타를 나무젓가락으로 둥글게 말아 접시에 담는다.

2 파스타 위에 팔마산 치즈 갈아서 올리고 토마토 콩카세해서 올린다.

MEMO

3주차

Fish Stock, Court Bouillon
생선 스톡, 쿠르부용

생선 스톡(Fish Stock)   쿠르부용(Court Bouillon)

재료

Fish Stock(생선 육수)		Court Bouillon(쿠르부용)	
Fish Bone(생선뼈)	150g	Onion(양파)	40g
Onion(양파)	40g	Celery(셀러리)	20g
Celery(셀러리)	20g	Parsley(파슬리)	1g
Parsley(파슬리)	1g	White Wine(화이트 와인)	40ml
White Wine(화이트 와인)	40ml	Vinegar(식초)	5ml
Butter(버터)	20g	Lemon(레몬)	40g
Bay Leaf(월계수 잎)	1g	Bay Leaf(월계수 잎)	1g
Whole Pepper(통후추)	1g	Whole Pepper(통후추)	1g
Salt(소금)	1g	Salt(소금)	5g

Method(조리방법)

생선 스톡(Fish Stock)

1 생선뼈를 찬물에 담가 핏물을 제거한다.

2 양파, 셀러리는 얇게 채를 썬다.

3 양송이는 슬라이스하고, 파슬리 줄기를 준비한다.

4 냄비에 버터 넣고 물기를 제거한 생선뼈 넣고 살짝 볶다가 양파, 셀러리, 양송이, 마늘 넣고 살짝 볶는다(절대 색이 나지 않도록 한다).

5 화이트 와인 넣고 데글라세(Deglacer)한다.

6 차가운 물 400ml 넣고 월계수 잎 1장, 통후추 10개, 타임 1g, 파슬리 줄기 넣고 10분간 끓여 소창에 걸러 완성한다.

쿠르부용(Court Bouillon)

1 양파, 셀러리는 얇게 채를 썬다.

2 스톡 냄비에 물 400ml 넣고 양파, 셀러리 썬 것을 넣는다.

3 화이트 와인 40ml, 식초 5ml, 월계수 잎 1장, 파슬리 줄기, 레몬, 통후추, 소금 넣고 끓인다.

4 5분 정도 끓여 체에 걸러 사용한다.

쿠르부용(Court Bouillon)

- 전통적으로 생선이나 해산물 등을 포칭하기 위해 만든 액체이다. 여러 가지 채소와 허브 등을 물에 넣고 끓여서 만든다. 포도주, 레몬주스 또는 식초, 소금을 첨가해서 만든다.

데글라세(Deglacer)/데글라사주(Deglacage)

- 디글레이즈, 디글레이징. 조리 중에 팬에 눌어붙어 캐러멜화된 육즙에 액체(화이트 와인, 레드 와인, 코냑, 마데이라 와인, 포트 와인 또는 육수, 식초 등)를 넣고 불려서 녹여내는 방법이다. 이는 주로 남은 맛즙을 애용하여 농축 육즙이나 소스를 만들기 위해서이다.

Saffron Sauce
샤프란 소스

재료

Saffron(샤프란)	1g	Fresh Cream(생크림)	50ml
White Wine(화이트 와인)	120ml	Butter(버터)	50g
Fish Stock(생선육수)	200ml	Soft Flour(밀가루)	30g
Mushroom(양송이)	30g	Bay Leaf(월계수 잎)	1g
Onion(양파)	50g	Whole Pepper(통후추)	1g
Parsley(파슬리)	10g	Salt(소금)	1g

Method(조리방법)

화이트 와인 소스(White Wine Sauce/Vin Blanc Sauce)

1 양파를 얇게 채 썰고, 양송이는 편으로 썰어준다.

2 화이트 와인 100ml를 넣고 1/2로 졸여 타임, 딜, 월계수 잎 1장, 통후추, 생선 스톡 200ml 넣고 반으로 졸여준다.

3 생크림 50ml 넣고 화이트 루(White Roux)를 넣어준다.

4 농도가 생기면 소금, 후추로 간을 해서 체에 걸러 완성한다.

샤프란 소스

1 샤프란을 화이트 와인 15ml에 담가놓는다.

2 샤프란 향이 충분히 우러나면 체에 거른다.

3 샤프란을 화이트 와인 소스에 넣어 색을 내고 버터몽테(Monter au beurre)하여 완성한다.

샤프란

- 샤프란은 붓꽃과에 속하는 식물이 샤프란 크로커스(Saffron crocus, 학명: *Crocus sativus*) 꽃의 암술대를 건조시켜 만든 향신료이다. 강한 노란색으로 독특한 향과 쓴맛, 단맛을 낸다. 1g을 얻기 위해서 500개의 암술을 말려야 한다. 세계에서 가장 비싼 향신료라고도 한다. 이란 요리, 아랍 요리, 중앙아시아 요리, 유럽 요리, 인도 요리, 터키 요리, 모로코 요리 등에 사용된다. 샤프란은 서쪽으로 지중해에 동쪽으로는 카슈미르에 이르는 지대에서 대부분 생산된다. 1파운드를 만드는 데 5~7만 5천 송이의 꽃이 필요한데(7만~20만 개의 암술대) 이는 축구장 넓이의 땅에서 피는 꽃의 양이다. 가격은 1파운드당 미화 500달러에서 5000달러까지 한다. 서양에서 평균 소매가격은 파운드당 1000달러 정도 한다.

샤프란 효능

- 샤프란은 우울증 치료에 사용되고 알츠하이머, 천식 등에 효과가 있다고 보고되었다. 현대의학에서 항암이나 항산화 효과가 있으며 중국과 인도 등에서 직물 염색제로 쓰이기도 한다.

Poached Halibut Stuffed with Shrimp in Saffron Sauce
샤프란 소스를 곁들인 새우를 넣은 가자미찜

재료

Halibut(가자미)	1ea	Broccoli(브로콜리)	20g
Shrimp(새우)	3ea	Carrot(당근)	60g
Mushroom(양송이)	50g	Xanthan Gum(잔탄검)	2g
Fresh Cream(생크림)	80ml	Sugar(설탕)	30g
Onion(양파)	40g	Dill(딜)	1g
Saffron Sauce(샤프란 소스)	40ml	Arugula(루콜라)	20g
Butter(버터)	50g	Court Bouillon(쿠르부용)	300ml
Cherry Tomato(방울토마토)	1ea	Pepper(후추)	
Garlic(마늘)	1ea	Salt(소금)	

Method(조리방법)

생선 손질

1 생선 비늘을 제거하고, 머리 잘라 내장을 제거한다.
2 생선의 물기를 제거하고 5장 뜨기 한 뒤 소금, 후추로 간을 한다.

생선 포칭

1 새우 내장 제거하고 쿠르부용(Court Bouillon)에 삶아준다.
2 마늘, 양파 다지고 양송이는 작은 주사위 모양으로 잘라 버터에 볶다가 밀가루 5g 넣고, 새우 자른 것 넣고 볶다가 생크림 30g 넣어 생선 속재료를 만든다.
3 비닐 팬을 깔고 생선을 얇게 깔아 미트텐더라이저(Meat Tenderizer)로 두들겨 얇게 편 뒤 속재료를 넣어 예쁘게 싸서 준비한다.
4 냄비에 버터 바르고 양파 다져 넣고 생선 올리고 화이트 와인 30ml, 생선 스톡 30ml, 딜, 타임, 파슬리 줄기, 레몬 넣어 5분간 포칭(Poaching)한다.

Hot Vegetable

1 당근 껍질 벗겨 주사위 모양으로 잘라 물 2컵, 버터 15g, 설탕 15g, 소금 1g, 월계수 잎 1장 넣고 삶아서 물기 제거하고 잔탄검 넣고 당근 퓌레(Puree)를 만든다.
2 콜리플라워 먹기 좋은 크기로 잘라 끓는 물에 소금 넣고 삶아 찬물에 식혀 팬에 버터 넣고 볶다가 소금, 후추로 간해준다.
3 방울토마토는 끓는 물에 삶아서 껍질 제거하고 올리브유 바르고, 소금, 후추로 간하고 타임 올려 165℃ 오븐에서 7분간 구워준다.
4 마늘 껍질 꼭지 제거하고 올리브유, 소금, 후추 해서 방울토마토와 같이 구워준다.

접시 담기

1 깨끗한 메인 접시에 작은 숟가락으로 당근 퓌레를 선으로 담아준다.
2 접시 중앙에 생선을 조심해서 올리고 브로콜리, 방울토마토, 구운 마늘 올린다.
3 생선 맨 위에 당근 퓌레 올리고, 오븐 드라이 방울토마토 올리고 허브로 장식한다.
4 샤프란 소스 타원형으로 뿌려서 완성한다.

MEMO

4주차

Mayonnaise & Tyrolienne Sauce
마요네즈 & 티롤리엔느 소스

재료

Mayonnaise(마요네즈)
Egg Yolk(달걀 노른자)	1ea
White Pepper(흰 후추)	1g
Vinegar(식초)	20ml
Mustard(겨자)	5ml
Salad Oil(샐러드 오일)	100ml
Fresh Lemon(레몬)	1/4piece

Tyrolienne Sauce(티롤리엔느 소스)
Mayonnaise(마요네즈)	100ml
White wine Vinegar(화이트 와인식초)	15ml
Tomato Puree(토마토 퓌레)	30ml
Onion(양파)	40g
Tarragon(타라곤)	1g
Salt & Pepper(소금 & 후추)	some

Method(조리방법)

마요네즈(Mayonnaise) 만들기

1   달걀의 흰자와 노른자를 분리한다.

2   믹싱볼에 달걀 노른자 넣고 머스터드 넣어 거품기로 저어주면서 조금씩 식용유를 넣어 유화시켜 준다.

3   걸쭉한 농도가 되면 레몬주스, 식초 넣고 소금, 후추로 간을 한다.

티롤리엔느 소스(Tyrolienne Sauce) 만들기

1   양파는 곱게 다져서 물에 담가 매운맛 성분을 제거한다.

2   타라곤은 잘게 썰어서 준비한다.

3   믹싱볼에 마요네즈 넣고 토마토 퓌레 넣어 분홍색 소스가 되도록 만
    든다.

4   다진 마늘, 타라곤 넣고 화이트 와인, 식초 넣어 맛을 낸다.

5   소금, 후추로 간을 해서 완성한다.

그린 샐러드(Green Salad) 만들기

1   샐러드 채소는 흐르는 물에 담가 깨끗이 손질해서 차가운 물에 담가 놓는다.

2   방울토마토는 적당한 크기로 잘라 준비한다.

3   블랙 올리브는 물에 담가 소금기를 제거해 준다.

4   샐러드 채소 물기를 완전히 제거한다.

5   샐러드 접시에 예쁘게 담고 티롤리엔느 소스 뿌려서 완성한다.

MEMO

Pizza Sauce, Combination Pizza
피자 소스, 콤비네이션 피자

재료

Pizza Dough(피자도우)	1ea	Basil(바질)	1g
Pepperoni(페퍼로니)	60g	Olive Oil(올리브 오일)	30ml
Mozzarella Cheese(모짜렐라 치즈)	100g	Parmesan Cheese(팔마산 치즈)	5g
Tomato Sauce(토마토 소스)	120ml		

Pizza Dough(피자도우)

Anchovy(앤초비)	5g	Hard Flour(강력 밀가루)	2.5kg
Oregano(오레가노)	1g	Fresh Yeast(생이스트)	36g
Onion(양파)	1/4ea	Olive Oil(올리브 오일)	150ml
Garlic(마늘)	2ea	Milk(우유)	800ml
Beef Ground(간 소고기)	80g	Sugar(설탕)	50g
Black Olive(블랙 올리브)	5ea	Salt(소금)	20g
Arugula(Rucola)(아루굴라)	10g		

Method(조리방법)

피자도우(Pizza Dough) 만들기

1 강력 밀가루 체에 쳐서 준비한다.

2 버티컬 믹서에 밀가루 넣고 이스트 36g, 우유 800ml, 설탕 50g, 소금 20g 넣고 반죽한다.

3 적당한 반죽 농도가 되면 올리브유 150ml 넣어 3분간 2단에서 돌려 반죽을 마무리한다.

4 반죽을 180g으로 잘라 둥글리기를 하여 올리브유 바르고 냉동하여 사용하기 하루 전에 저온 숙성해서 사용한다.

피자 소스(Pizza Sauce) 만들기

1 토마토 꼭지 제거하고 끓는 물에 삶아 껍질을 제거해서 곱게 다진다.

2 마늘, 양파는 곱게 다지고 토마토 홀도 다져서 준비한다.

3 두꺼운 냄비에 올리브 오일 넣고 마늘 넣고 볶다가 양파 넣는다.

4 토마토 페이스트 넣고 볶다가 토마토 퓌레, 토마토 홀, 다진 토마토 넣고 끓인다.

5 스톡 200ml 넣고 월계수 잎 넣고 은근히 끓이다가 바질, 오레가노 넣어 토마토 소스를 만든다.

6 토마토 소스에 앤초비 넣어 피자 소스를 만든다.

피자(Pizza) 만들기

1 마늘 다져서 소고기에 넣고 소금, 후추 해서 팬에 볶는다.

2 아루굴라 손질해서 찬물에 담가 놓는다.

3 페퍼로니 올리브 적당한 크기로 잘라 준비한다.

4 피자도우를 둥근 모양으로 늘려 피자 소스 바르고 오레가노 뿌린다.

5 소고기, 페퍼로니, 올리브 올리고 치즈 올려 베이커리 오븐에서 180℃에서 18분간 구워준다.

6 접시에 담고 위에 아루굴라 올리고 파르미지아노 레지아노 올려 완성한다.

MEMO

MEMO

Brown Stock
브라운 스톡

재료

Beef Bone(소뼈)	5kg		Red Wine(레드 와인)	1btl

Bouquet Garni(부케가르니)

Chicken Bone(닭뼈)	10kg		Bay Leaves(월계수 잎)	10pc.
Tomato(토마토)	2ea		Parsley(파슬리)	50g
Carrot(당근)	1kg		Clove(정향)	10g
Onion(양파)	2kg		Rosemary(로즈메리)	30g
Celery(셀러리)	1kg		Thyme(타임)	30g
Leek(대파)	200g		Whole Pepper(통후추)	10g
Butter(버터)	100g		Cooking thread(조리용 실)	20cm
Beef Stock(비프 스톡)	20lt			
Garlic(마늘)	200g			

Method(조리방법)

부케가르니(Bouquet Garni) 만들기

1 양파를 길게 잘라 통후추, 정향을 박아준다.

2 파슬리 줄기 길게 준비하고, 로즈메리, 타임 넣어 실로 묶어서 부케가르니를 만든다.

3 스톡이나 육수에 넣어서 사용한다.

브라운 스톡(Brown Stock) 만들기

1 소뼈, 닭뼈는 흐르는 물에 담가 핏물을 제거하고 165℃ 오븐에서 40분간 갈색으로 구워준다.

2 양파 50%, 당근 25%, 셀러리 25% 큼직하게 썰어 미르포아를 만든다.

3 대파, 마늘은 적당한 크기로 잘라 준비한다.

4 소스통에 구운 소뼈, 닭뼈 넣고 찬물 넣어 불에 올려준다.

5 미르포아 팬에 넣고 갈색으로 넣어 브라운 스톡에 넣고 부케가르니 넣어 약한 불에 끓인다. – 시머링 (Simmering)

6 거품이 올라오면 스키머(Skimmer)로 거품을 걷어낸다. – 스키밍(Skimming)

- 시머링(Simmering): 85~96℃ 사이에서 은근히 끓이는 방법으로 재료가 흐트러지지 않도록 조심스럽게 조리하는 것을 의미한다. 은근히 끓이는 목적은 육수를 맑고 투명하게 만들기 위해서다.
- 스키밍(Skimming): 스톡 조리 시 수면 위에 떠 있는 기름과 거품을 제거하는 것을 의미한다.
- 부케가르니(Bouquet Garni): 프랑스어로 향초다발이란 뜻으로 스톡이나 소스 등의 향을 내는 데 사용된다. 결혼식장에 사용되는 부케와 어원이 같다.

5주차

Red Wine Sauce
레드 와인 소스

재료

Demi Glace Sauce(데미글라스 소스)	150ml	Rosemary(로즈메리)	1g
Onion(양파)	60g	Shallot(샬롯)	1ea
Carrot(당근)	30g	Bay Leaf(월계수 잎)	2ea
Celery(셀러리)	30g	Whole Pepper(통후추)	10ea
Garlic(마늘)	10g	Butter(버터)	10g
Tomato(토마토)	1/6ea	Salt(소금)	
Thyme(타임)	1g		

Method(조리방법)

레드 와인 소스(Red Wine Sauce)

1 양파 50%, 당근 25%, 셀러리 25% 썰어 미르포아(Mire Poix)를 준비한다.

2 토마토, 마늘 미르뽀아와 같은 크기로 자른다.

3 로즈메리, 타임은 생것으로 준비해서 깨끗이 세척 한다.

4 팬에 버터 넣고 양파, 당근, 셀러리, 마늘 넣고 갈색으로 볶다가 토마토 넣고 볶아 레드 와인 넣고 1/2 졸여 준다.

5 졸인 레드 와인에 월계수 잎 1장, 통후추 10개 넣고 끓이다 마무리 단계에서 타임, 로즈메리 넣는다.

6 소스 농도가 생기면 소창에 거르고 버터로 몬테 해서 완성한다.

Beurre Monte(비흐 몽테)

- Monte(몽테): 수프나 소스의 부드러운 맛과 빛깔을 더하기 위해 버터나 올리브 오일을 넣고 섞어주는 것, 버터 또는 올리브 오일의 풍미를 첨가하여 맛을 내는 것

  → 버터몽테할 때는 반드시 열에서 내려 한 방향으로 저어주어야 한다.

Brown Stock을 1/2 Reduction -> Demi Glace Sauce 1/2 Reduction 1/2로 -> Glace Viande

- Fond de veou(퐁드보): 송아지 뼈로 만드는 가장 대표적인 프랑스 갈색 육수

리덕션(Reduction)

- 액체가 졸여져서 만들어지는 결과물. 요리에서 육수, 와인, 소스 등의 액체를 끓여서 농도가 걸쭉해지고 풍미가 좋아지는 것

Grilled Beef Tenderloin Steak with Red Wine Sauce in Dutch Potato
더치 감자와 레드 와인 소스를 곁들인 안심스테이크

재료

Beef Tenderloin(소안심)	180g	Cherry Tomato(방울토마토)	2ea
Red Wine Sauce(레드 와인 소스)	100ml	Olive Oil(올리브 오일)	15ml
Potato(감자)	1ea	Egg(달걀)	1ea
Tomato(토마토)	1/4ea	Butter(버터)	15g
Carrot(당근)	30g	Whole Grain Mustard(홀그레인 머스터드)	5g
Broccoli(브로콜리)	30g	Salad Oil(식용유)	50ml
Garlic(마늘)	2ea	Asparagus(아스파라거스)	1ea
Mushroom(양송이)	20g	Sugar(설탕)	5g
Shallot(샬롯)	1ea	Salt(소금)	1g
Thyme(타임)	1g	Pepper(후추)	1g
Rosemary(로즈메리)	1g		

Method(조리방법)

안심스테이크(Beef Tenderloin Steak)

1 안심은 기름과 힘줄을 제거한다. - 트리밍(Trimming)

2 안심 핏물을 제거하고 180g으로 잘라 미트 텐더라이저(Meat Tenderizer)로 부드럽게 만들어 둥근 모양으로 만든다.

3 조리용 실을 이용하여 둥글게 묶어(Bind) 올리브 오일, 타임, 로즈메리, 으깬 후추 넣어 마리네이드 한다.

더치 포테이토(Dutch Potato)

1 감자 껍질 제거하고 냄비에 소금 넣고 삶아준다.

2 체에 내려 생크림 15ml, 달걀 노른자, 넛맥, 소금, 후추로 간을 한다.

3 짤주머니에 넣어 예쁘게 짜고 위에 달걀 노른자 바른다.

4 185℃ 오븐에서 10분간 구워 완성한다.

더운 채소요리(Hot Vegetable)

1 돼지호박 잘라서 올리베트(Olivette)로 깎아서 끓는 물에 삶아 식힌 뒤 버터에 볶아 소금, 후추로 간을 한다.

2 당근은 올리베트로 깎아 끓는 물에 삶아 버터, 설탕, 물 넣고 글레이징(Glazing)한다.

3 토마토 끓는 물에 삶아 껍질 제거하고 올리브 오일 바르고 소금, 후추 해서 오븐 드라이 토마토를 만든다.

4 마늘은 꼭지 따고 올리브 오일, 소금, 후추 해서 165℃ 오븐에서 8분간 구워 로스트한다.

5 버섯, 샬롯은 올리브 오일 바르고 소금, 후추해서 그릴에 구워준다.

튀일(Tuile)

1 밀가루 1Tsp, 물 7.5Tsp, 식용유 3Tsp 거품기로 잘섞어준다.

2 팬을 달구어 얇게 펴서 구워준다.

3 구워지면 팬에서 꺼내 기름을 제거해 준다.

4 밀가루와 물을 조절하여 밀도를 조절할 수 있다.

MEMO

6주차

Chicken Veloute
치킨 벨루테

재료

Chicken Stock(닭 육수)

Chicken Bone(닭뼈)	1kg
Onion(양파)	100g
Carrot(당근)	50g
Celery(셀러리)	50g
Bay Leaves(월계수 잎)	2pc.
Black Pepper Whole(검은 통후추)	10ea
Thyme(타임)	1g
Rosemary(로즈메리)	1g

Chicken Veloute(치킨 벨루테)

Chicken Stock(닭 육수)	300ml
Butter(버터)	30g
Flour(밀가루)	30g

Method(조리방법)

치킨 스톡(Chicken Stock)

1 닭뼈를 찬물에 담가 핏물을 제거한다.

2 양파 100g, 당근 50g, 셀러리 50g 주사위 모양으로 잘라 미르포아(Mire Poix)를 만든다.

3 핏물 제거한 닭뼈에 물을 붓고 삶아서 찬물에 담가 씻어낸다.

4 찬물 1500ml를 붓고 불에 올려 미르포아 넣고 끓인다.

5 타임과 로즈메리 넣고 월계수 잎, 통후추 넣어 끓여준다.

6 스톡이 끓으면 기름과 불순물을 제거하고 1시간 정도 은근히 끓여준다.

7 소창에 걸러 식혀서 사용한다.

치킨 벨루테(Chicken Veloute)

1 버터 30g, 밀가루 30g 팬에 넣고 화이트 루(White Roux)를 만든다.

2 치킨 스톡 조금씩 넣어 풀어준다.

3 치킨 스톡이 윤기 있는 상아색이 나야 한다.

벨루테 정의

- 벨루테 소스는 서양 요리의 5가지 모체 소스 중에 하나로 루에 화이트 스톡을 넣어 만든 소스로 닭 육수, 생선 육수, 송아지 육수 등을 넣어 만든다. 벨루테 소스는 재료에 따라 여러 가지 파생 소스를 만들 수 있다. 색은 밝은 상아색이 나야 하며, 맛이 깊어야 한다.

미르포아(Mire Poix)

- 18세기 Mirepoix 공작의 요리장이 개발한 것으로 Stock, Bouillon을 만들 때 필요한 향신 채소(당근, 양파, 셀러리)를 기본으로 향신료(백리향, 월계수 잎, 통후추) 등이 사용된다.

Ravigote Sauce(Shallot and Herb Sauce)
라비고트 소스

재료

White Wine(화이트 와인)	30ml	Tarragon(타라곤)	1g
Veloute Sauce(벨루테 소스)	150ml	Italian Parsley(이탈리안 파슬리)	1g
Wine Vinegar(와인 식초)	30ml	Milk(우유)	30ml
Shallot(샬롯)	1ea	Salt & Pepper(소금 & 후추)	

Method(조리방법)

라비고트 소스(Ravigote Sauce)

1 타임, 로즈메리 줄기에서 부드러운 잎만 따서 다져준다.

2 치킨 스톡에 화이트 루를 넣어 치킨 벨루테를 만들어 준비한다.

3 벨루테 소스에 타라곤 에센스 넣고 소금, 후추로 간을 한다.

4 다진 허브 넣어 라비고트 소스를 완성한다.

타라곤 에센스(Tarragon Sauce)

1 샬롯을 슬라이스하고, 타라곤, 이태리 파슬리 줄기, 월계수 잎, 통후추, 레몬즙을 냄비에 담아준다.

2 물 30ml, 화이트 와인 30ml, 와인 식초 5ml 넣고 1/2로 졸여준다.

3 고운체에 걸러 마무리한다.

라비고트 소스(Ravigote Sauce) 정의

- 영어 Ravigote Sauce, 프랑스의 동사 ravigoter "기운을 내게 하는"에서 유래하였으며, 라비고트 소스는 알망드 소스에 백포도주를 넣고 파슬리, 실파를 넣어 만든 소스로 찬 소스와 더운 소스가 있다. 닭고기, 생선, 채소요리 등 다양한 요리에 이용된다. 차가운 소스는 식초를 기반으로 하고 더운 소스는 벨루테 소스를 기본으로 한다.

Grilled Red Snapper with Ravigote Sauce in Green Peas Puree
완두콩 퓌레를 곁들인 그릴에 구운 도미와 라비고트 소스

재료

Red Snapper(도미)	150g	Green Pimento(청피망)	60g
Green Peas(완두콩)	80g	Cream Cheese(크림치즈)	30g
Fresh Cream(생크림)	15ml	Bread Crumb(빵가루)	30g
Ravigote Sauce(라비고트 소스)	40ml	Fresh Lemon(레몬)	0.8ea
Onion(양파)	50g	Italian Parsley(이탈리안 파슬리)	1g
Xanthan Gum(잔탄검)	2g	Dijon Mustard(디종 머스터드)	5g
Carrot(당근)	60g	Tomato(토마토)	60g
Squash(애호박)	20g	Butter(버터)	30g
Garlic(마늘)	2ea	Mango Sauce(망고 소스)	15ml
Chervil(처빌)	1g	Brandy(브랜디)	5ml
Thyme(타임)	1g	Salt & Pepper(소금, 후추)	
Red Pimento(홍피망)	60g		

Method(조리방법)

도미 요리하기

1   도미는 뼈를 제거하고 도미살을 준비한다.

2   도미살에 올리브 오일, 통후추, 타임, 처빌, 레몬제스트, 레몬, 마늘 편을 넣어 마리네이드(Marinade)한다.

3   마른 빵가루에 이태리 파슬리(Italian Parsley) 넣고 믹서기에 갈아서 크러스트(Crust)를 만들어 준다.

4   팬에 버터 넣고 Marinade한 도미살에 소금 해서 갈색으로 구워준다.

5   구워진 도미살 위에 디종 머스터드(Dijon Mustard) 바르고 크림 치즈 올리고 Crust 위에 올려 준다.

6   165℃ 오븐에 7분간 구워 완성한다.

완두콩 퓌레(Green Peas Puree)

1   완두콩에 물 2컵 넣고 버터 15g, 월계수 잎 넣고 삶아서 익힌다.

2   삶아진 완두콩에 잔탄검 1g 넣고 갈아서 고운체에 걸러준다.

3   냄비에 넣고 생크림으로 맛을 내고 소금, 후추 넣어 간을 한다.

더운 채소(Hot Vegetable) 준비하기

1   양파, 당근, 피망, 애호박은 쉬포나드(Chiffonade)로 잘라서 준비한다.

2   끓는 물에 소금 넣고 삶아 찬물에 식힌다.

3   팬에 버터 넣고 볶다가 소금, 후추로 간을 한다.

망고 소스(Mango Sauce) 만들기

1   망고주스 200ml, 설탕 15g 넣고 졸이다 소금으로 간하고 잔탄검으로 농도를 조절하고 브랜디, 레몬즙 넣어 망고 소스를 마무리한다.

접시에 담기(Plaiting)

1   접시 중앙에 완두콩 퓌레를 담아준다.

2   완두콩 위에 더운 채소 올리고 생선 요리를 올려준다.

3   라비고트 소스(Ravigote Sauce) 뿌리고 주위에 망고 소스 올려준다.

4   허브로 장식한다.

MEMO

7주차

Bigarade Sauce
비가라드 소스

재료

Fresh Orange(오렌지)	1ea	Demi Galce Sauce(데미글라스 소스)	30ml
Orange Juice(오렌지주스)	150ml	Red Wine(레드 와인)	45ml
Brandy(브랜디)	5ml	Salt(소금)	1g
Sugar(설탕)	15g		

Method(조리방법)

비가라드 소스(Bigarade Sauce)

1 오렌지 껍질을 칼로 얇게 잘라 가늘게 채(오렌지 제스트)를 썬다.

2 오렌지 과육은 세그먼트(Segment)로 자르고 나머지는 주스로 짜서 준비한다.

3 두꺼운 팬에 설탕 15g 넣고 캐러멜화 반응이 나도록 165℃가 되면 레드 와인 45ml 넣고 브랜디 15ml 넣고 졸여 오렌지주스 넣는다.

4 오렌지주스가 반으로 졸여지면 오렌지 세그먼트, 오렌지 제스트(Orange Zest) 넣고 끓이다 데미 글라스 소스 넣는다.

5 비가라드 소스가 농도가 나면 소금, 후추로 간해서 완성한다.

비가라드 소스(Bigarade Sauce)

• 프랑스 중부지방에서 재배되는 설탕에 절인 비가라드는 니스(Nice)의 특산품으로 비가라드의 꽃은 오렌지 나무 꽃 향수를 만드는 데 사용된다. 비가라드란 큐라소(Curacao)를 만드는 오렌지로, 큐라소는 오렌지 리큐어로 오렌지 껍질만을 사용하여 만든다. 소스의 색은 오렌지 껍질색과 통 숙성에 의해 형성되며 이 소스는 새콤달콤한 게 특징이다. 프랑스 정통 브라운 소스로 오렌지 맛을 내고 오리와 함께 제공된다. 비가라드 소스는 브라운 스톡, 오렌지, 레몬주스, 오렌지 껍질, 큐라소(리큐어)를 넣어 만든 소스이다.

갈색 오리고기 육수 소스(Jus de Canard, Duck Meat Sauce)

• 오리고기와 뼈를 오븐에 갈색으로 구워 쇠고기 육수와 갈색 소고기 육수 소스를 넣어 은근히 졸여서 만든 소스로 주로 오리고기 소스나 캐러멜 소스 등에 첨가해서 사용한다.

아로제(Arroser)

• 적시다. 끼얹다. 오븐이나 로스터에 익히는 동안 재료에서 나오는 기름이나 육즙을 스푼으로 떠서 조금씩 끼얹어준다. 이 과정을 통해 음식의 표면이 건조해지는 것을 막아주고 속살까지 촉촉하고 부드럽게 익힐 수 있다.

레스팅(Resting)

• 고기 내부의 온도가 올라 50℃에 이르면 단백질이 익기 시작하여 고기의 육질 사이로 빠져나온다. 육류가 그릴에 있을 동안 내부의 지방과 육즙은 열 때문에 높은 압력이 형성되면서 부풀어 팽창한다. 그 후 열에서 꺼내 상온에 두면 압력이 낮아져서 고기 내부가 안정화되면서 육즙이 섬유질 속으로 재흡수된다. 고기의 지방과 단백질이 다시 조금 굳어지며 좋은 질감으로 바뀌게 된다. 육질의 밀도가 향상된 고기는 매끄럽고 육질이 부드러워진다.

Roast Duck Breast with Sweet Pumpkin Mousse in Bigarade Sauce
단호박 무스를 곁들인 오리가슴살과 비가라드 소스

재료

Duck Breast(오리가슴살)	1ea	Xanthan Gum(잔탄검)	1g
Bigarade Sauce(비가라드 소스)	60ml	Honey(꿀)	5ml
Broccoli(브로콜리)	15g	Thyme(타임)	1g
Brussels Sprout(방울양배추)	1ea	Rosemary(로즈메리)	1g
Sweet Pumpkin(단호박)	1ea	Orange Zest(오렌지 제스트)	2g
Cherry Tomato(방울토마토)	1ea	Olive Oil(올리브 오일)	30ml
Garlic(마늘)	1g	Butter(버터)	15g
Fresh Cream(생크림)	30ml	Pepper(후추)	1g
Milk(우유)	30ml	Salt(소금)	1g

Method(조리방법)

오리가슴살 마리네이드하기(Duck Breast Marinade)

1 오리가슴살에 붙어 있는 힘줄 등을 제거해 준다.

2 오리가슴살 껍질 쪽에 칼집을 내준다.

3 손질한 오리가슴살에 올리브 오일 15ml, 타임, 로즈메리, 오렌지 제스트, 마늘, 통후추 으깬 것 넣어 마리네이드(Marinade)한다.

오리가슴살 굽기(Duck Breast Cooking)

1 두꺼운 팬에 기름 넣지 말고 오리가슴살을 올려 천천히 구워준다.

2 오리가슴살 껍질이 갈색으로 구워지면 뒤집어서 굽는다.

3 버터 15g, 타임, 로즈메리, 통마늘 으깬 것 넣고 오리가슴살에 버터 뿌려 가면서 굽는다(아로제).

4 180℃ 오븐에 넣어 8분간 구워 꺼내서 실온에서 레스팅(Resting)한다.

단호박 무스(Sweet Pumpkin Mousse)

1 단호박 껍질 벗겨 물에 소금 넣고 끓여준다.

2 단호박이 익으면 고운체에 내려 꿀, 소금, 후추를 넣는다.

3 농도는 잔탄검을 넣어 조절하고 버터몽테하여 완성한다.

더운 채소(Hot Vegetable) 준비하기

1 브로콜리, 브뤼셀 스프라우트 끓는 물에 소금 넣고 살짝 삶아 버터에 볶아서 준비한다.

2 방울토마토는 십자로 칼집 넣고 데쳐서 껍질을 제거한다.

3 껍질 벗긴 방울토마토, 마늘, 올리브 오일, 타임, 소금, 후추해서 185℃ 오븐에서 8분간 구워준다.

접시에 담기(Plaiting)

1 구운 오리가슴살 적당한 크기로 잘라 접시에 담는다.

2 더치드 포테이토 담고, 구운 마늘, 토마토 예쁘게 담는다.

3 브로콜리, 브뤼셀 스프라우트 올리고 오렌지 제스트, 타임, 로즈메리로 장식한다.

4 비가라드 소스 올려 완성한다.

MEMO

Cream of Sweet Pumpkin Soup in Egg Form
단호박 크림 수프

재료

Sweet Pumpkin(단호박)	120g	Fresh Cream(생크림)	50g
Chicken Bone(닭뼈)	200g	Egg White(달걀 흰자)	1ea
Onion(양파)	60g	Thyme(타임)	1g
Carrot(당근)	30g	Rosemary(로즈메리)	1g
Celery(셀러리)	30g	Italian Parsley(이탈리안 파슬리)	2g
Bay Leaves(월계수 잎)	2pc.	Baguette(바게트)	1g
Whole Pepper(통후추)	10ea	Cream Cheese(크림치즈)	15g
Butter(버터)	15g	Salt(소금)	1g
Flour(밀가루)	30g	Pepper(후추)	1g

Method(조리방법)

Chicken Stock

1. 닭뼈를 찬물에 담가 핏물을 제거한다.
2. 양파 100g, 당근 50g, 셀러리 50g 주사위 모양으로 잘라 미르포아(Mire Poix)를 만든다.
3. 핏물을 제거한 닭뼈에 물을 붓고 삶아서 찬물에 담가 씻어낸다.
4. 찬물 1500ml를 붓고 불에 올려 미르포아 넣고 끓인다.
5. 타임과 로즈메리 넣고 월계수 잎, 통후추 넣어 끓여준다.
6. 스톡이 끓으면 기름과 불순물을 제거하고 1시간 정도 은근히 끓여준다.
7. 소창(Cheese Cloth)에 걸러 식혀서 사용한다.

단호박 크림 수프(Sweet Pumpkin Cream of Soup)

1. 단호박 껍질 벗겨 0.5cm 두께로 자르고 양파는 얇게 채 썰어 준비한다.
2. 두꺼운 팬에 버터 넣고 양파 넣어 볶다가 단호박 넣고 볶아준다.
3. 밀가루 5g 넣고 살짝 볶다가 치킨 스톡 400ml 넣고 월계수 잎 2장 넣고 은근히 끓여준다.
4. 단호박이 충분히 익으면 불에서 내려 믹서기에 곱게 갈아 체에 걸러 냄비에 넣고 생크림 넣어 맛과 농도를 조절하고 넛맥, 소금 넣어준다.

단호박 크림 수프 가니쉬 준비하기

1. 바게트빵 길게(15cm) 잘라 버터 발라 오븐에 구워 다시 버터 바르고 크림 치즈와 허브로 장식한다.
2. 달걀 흰자는 거품 내서 소금으로 간하고 끓는 물에 살짝 삶아서 준비한다.

접시에 담기(Plaiting)

1. 수프 볼에 단호박 담아준다.
2. 수프 위에 달걀 흰자 거품(Egg form) 올린다.
3. 수프 위에 준비한 바게트빵 올리고 넛맥, 통후추 으깨서 담아준다.

MEMO

8주차

Bearnaise Sauce
베어네이즈 소스

재료

Butter(버터)	100g	Whole Pepper(통후추)	10ea
Egg Yolk(달걀 노른자)	2ea	Italian Parsley(이탈리안 파슬리)	1g
Fresh Lemon(레몬)	1/4ea	Vinegar(식초)	5ml
White Wine(화이트 와인)	45ml	Bay Leaf(월계수 잎)	1g
Onion(양파)	30g	Salt(소금)	1g
Tarragon(타라곤)	2g	Pepper(후추)	1g

Method(조리방법)

정제 버터(Clarified Butter) 만들기

1 버터를 볼에 담고 중탕에 올려준다.

2 버터 수분을 증발시키고 유지방을 분리하여 걸러 만든다.

타라곤 에센스(Tarragon Essence) 만들기

1 냄비에 양파 다진 것 15g, 물 45ml, 화이트 와인 45ml, 식초 5ml, 월계수 잎 1장, 통후추 10개, 타라곤 1g, 파슬리 줄기 1g, 레몬 1조각 넣고 끓여준다.

2 고운체에 걸러 사용한다.

베어네이즈 소스(Bearnaise Sauce) 만들기

1 달걀 2개를 깨서 노른자와 흰자를 분리한다.

2 달걀 노른자 2개를 믹싱볼에 넣어 준비한다.

3 타라곤 에센스 넣고 중탕에 올려 저어서 80% 익혀준다.

4 불에서 내려 도마 위에 행주를 깔고 위에 올려 정제 버터를 조금씩 넣어 유화시켜 준다. (분리되지 않도록 조금씩 넣어주세요.)

5 타라곤 에센스 넣은 달걀 노른자와 버터가 충분히 유화되면 레몬즙 넣고, 타라곤 에센스로 농도를 맞춘다.

6 소금, 후추로 간하고 토마토 콩카세(Tomato Concasser)와 파슬리 찹(Parsley Chop)을 넣어 사용한다.

소스 가니쉬(Garnish)

1 이탈리안 파슬리 잎부분을 따서 다진 뒤 파슬리 찹(Chop)을 만든다.

2 토마토는 끓는 물에 삶아 껍질 제거하고 콩카세(Concasser) 한다.

베어네이즈 소스 유래

- 헨리 4세가 태어났던 특별한 지역을 상기시키지만 실제로는 베아른(현재 스위스)에서 유래하지 않았다. 베어네이즈 소스는 처음으로 파비엉 헨리 4세를 위하여 1830년 컬리네트(Collinet)라는 요리사가 생트 제르맹 앙리에서 만들었다.

Cream of Cauliflower Soup
콜리플라워 크림 수프

재료

Cauliflower(콜리플라워)	150g	Flour(밀가루)	15g
Chicken Stock(닭 육수)	400ml	Fresh Cream(생크림)	30ml
Onion(양파)	30g	트러플 오일(Truffle Oil)	2ml
Bay Leaf(월계수 잎)	1pc.	Pepper(후추)	1g
Italian Parsley(이탈리안 파슬리)	1g	Salt(소금)	1g
Butter(버터)	30g		

Method(조리방법)

Chicken Stock

1 닭뼈를 찬물에 담가 핏물을 제거한다.

2 양파 100g, 당근 50g, 셀러리 50g을 주사위 모양으로 잘라 미르포아(Mire Poix)를 만든다.

3 핏물을 제거한 닭뼈에 물을 붓고 삶아서 찬물에 담가 씻어낸다.

4 찬물 1500ml를 붓고 불에 올려 미르포아 넣고 끓인다.

5 타임과 로즈메리 넣고 월계수 잎, 통후추 넣어 끓여준다.

6 스톡이 끓으면 기름과 불순물을 제거하고 1시간 정도 은근히 끓여준다.

7 소창(Cheese Cloth)에 걸러 식혀서 사용한다.

콜리플라워 크림 수프(Cauliflower Cream of Soup)

1 양파를 얇게 채 썰고, 콜리플라워도 잘게 썰어 준비한다.

2 두꺼운 냄비에 버터를 녹이고, 양파를 볶다가 콜리플라워를 넣고 충분히 볶는다.

3 충분히 볶은 콜리플라워에 밀가루 15g 넣고 볶다가 치킨 스톡 400ml 넣고, 월계수 잎 1장 넣어 끓인다.

4 수프를 믹서기에 넣고 곱게 갈아 체에 걸러준다.

5 생크림 넣고 소금, 후추로 간해서 수프를 완성한다.

콜리플라워 크림 수프 가니쉬(Garnish) 준비하기

1 바게트 빵 얇게 잘라 버터 바르고 구워준다.

2 크림치즈와 허브로 장식한다.

3 트러플오일을 준비한다.

접시에 담기(Plaiting)

1 수프 볼에 콜리플라워 수프를 담아준다.

2 수프 위에 휘핑크림 올리고 파슬리 올린다.

3 볶은 아몬드 올리고 주위에 트러플 오일 뿌려서 완성한다.

MEMO

Grilled Salmon and Basil Pesto with Bearnaise Sauce
베어네이즈 소스를 곁들인 연어 스테이크

재료

Fresh Salmon(생연어)	180g		Tomato(토마토)	30g
Bearnaise Sauce(베어네이즈 소스)	60ml		Basil(바질)	60g
Polenta(폴렌타)	50g		Garlic(마늘)	4ea
Pine Nut(잣)	20g		Parmigiano Reggiano	
Dill(딜)	2g		(파르미지아노 레지아노)	10g
Balsamic Vinegar Essence			Whole Pepper(통후추)	10ea
(발사믹 식초 에센스)	5ml		Fresh Lemon(레몬)	1/4ea
Frisee(프리세)	2g		Pepper(후추)	1g
Broccoli(브로콜리)	15g		Salt(소금)	적당량
Red Sorrel(레드 쏘렐)	1g			

Method(조리방법)

연어 염지하기(Fresh Salmon Marinade)

1 생연어 깨끗이 손질하여 비늘을 제거하여 3장 뜨기 한 후 가시를 제거하고 180g으로 자른다.

2 찬물 200ml, 소금 1/2TS, 월계수 잎 1장, 통후추 5개, 레몬즙 5ml, 딜 1g 넣고 염지를 한다.

폴렌타 케이크(Polenta Cake) 만들기

1 양파와 마늘을 다져 두꺼운 냄비에 넣고 볶다가 폴렌타 가루 넣고 살짝 볶다가 폴렌타 가루의 6배 되는 치킨 스톡을 넣어준다.

2 천천히 끓여 농도가 생기면 파르미지아노 레지아노 치즈 넣고 소금, 후추로 간을 해서 팬에 버터 바르고 골고루 펴서 식혀 모양틀로 잘라 사용한다.

연어 굽기(Salmon Cooking)

1 염지 연어는 찬물에 씻어 물기를 제거하고 올리브 오일 바르고 딜, 오렌지 제스트 넣어 마리네이드 한다.

2 팬을 달구고 연어의 껍질 부분부터 바싹하게 굽는다.

3 브랜디 넣어 플랑베하고 딜, 마늘 으깬 것, 버터를 더해서 아로제한다.

4 연어살이 부서지지 않도록 조심히 바질 페스토 발라 오븐에서 익힌다.

바질 페스토(Basil Pesto) 만들기

1 바질은 깨끗이 씻어 물기를 제거하고, 잣은 팬에 볶아서 준비한다.

2 믹서에 바질, 잣, 마늘, 올리브 오일, 팔마산 치즈 넣고 갈다가 소금, 후추로 간해서 바질 페스토를 만든다.

더운 채소(Hot Vegetable) 준비하기

1 방울양배추 반으로 잘라 끓는 물에 삶아서 찬물에 식혀 버터로 볶는다.

2 토마토 끓는 물에 삶아 껍질 벗겨 4등분으로 잘라 올리브 오일, 소금, 후추해서 오븐 드라이 토마토를 만든다.

3 브로콜리 작은 크기로 잘라 끓는 물에 삶아서 찬물에 식혀 버터로 볶는다.

접시에 담기(Plaiting)

1 폴렌타 케이크 구워 접시 가장자리에 담고 오븐 드라이 토마토, 방울양배추, 브로콜리 주위에 담는다.

2 접시 중앙에 구운 연어 담고 주위에 베어네이즈 소스 뿌린다.

3 신선한 바질 잎으로 장식한다.

MEMO

9주차

Clam Chowder Soup with Pane
클램 차우더 수프와 파네

재료

Hard Roll(하드롤)	1ea	Potato(감자)	1ea
Clam(조개)	10ea	White Wine(화이트 와인)	20ml
Dill(딜)	1g	Leek White(대파 흰 부분)	20g
Carrot(당근)	20g	Onion(양파)	30g
Celery(셀러리)	10g	Clam Stock(조개스톡)	200ml
Pepper Whole(통후추)	5ea	Flour(밀가루)	5g
Fresh Cream(생크림)	30ml	Butter(버터)	15g
Milk(우유)	50ml	Fresh Lemon(레몬)	1ea
Bay Leaf(월계수 잎)	1pc.	Salt(소금)	some
Fish Fillet(생선살)	60g	Pepper(후추)	some

Method(조리방법)

조개 스톡(Clam Stock) 만들기

1 조개는 찬물에 담가서 해감시킨다.

2 당근, 양파, 셀러리(Mire Poix)는 주사위 모양으로 자른다.

3 두꺼운 냄비에 조개 넣고 볶다가 화이트 와인 넣고 미르포아 넣는다.

4 월계수 잎 1장, 통후추 5개 넣고 10분간 끓여 고운체에 거른다.

하드롤(Hard Roll) 그릇 만들기

1 하드롤 윗부분을 칼로 잘라 속을 파내서 준비한다.

2 빵 속에 버터 넣고 오븐에서 5분간 구워준다.

차우더 수프(Chowder Soup) 만들기

1 조개 스톡 만들고 조갯살을 준비한다.

2 양파, 대파, 감자는 사각형 모양으로 자른다.

3 팬에 버터 넣고 양파, 대파, 감자 넣어 볶다가 조개살, 생선살 넣고 밀가루 넣고 볶다가 화이트 와인 넣고 졸여, 조개 스톡 300ml 넣고 월계수 잎 넣고 끓인다.

4 생크림과 우유 넣고 농도를 맞춘다.

5 소금, 후추로 간을 맞추고 롤 바게트에 담고 조갯살과 딜로 장식한다.

차우더 수프(Chowder Soup)

- 농도가 진한 해산물 수프로 클램 차우더 수프는 프랑스 Chaudere A Caldron(슈더레 아 칼드론)에서 우유나 크림으로 만들고 맨해튼식은 토마토를 넣는다. 차우더 수프는 베이컨과 각종 해산물 등을 넣고 감자로 농도를 내기도 한다. 현재 미국의 대표적인 수프이다.

파네(Pane)

- 파네(Pane)는 이탈리어로 빵을 뜻한다. 프랑스 사람들은 바게트를 주로 먹고, 이탈리아 사람들은 토스카노(Toscano)라는 빵을 요리와 같이 곁들여 먹는다. '재료에 빵을 입히다'라는 뜻으로도 쓰인다.

MEMO

Gorgonzola Cheese Espuma
고르곤졸라 치즈 에스푸마

재료

Gorgonzola Cheese(고르곤졸라 치즈) ⋯ 70ml
Onion(양파) ⋯⋯⋯⋯⋯⋯⋯⋯⋯⋯⋯ 30g
Butter(버터) ⋯⋯⋯⋯⋯⋯⋯⋯⋯⋯⋯ 15g
Fresh Cream(생크림) ⋯⋯⋯⋯⋯⋯ 50ml

Milk(우유) ⋯⋯⋯⋯⋯⋯⋯⋯⋯⋯⋯ 200ml
Pepper(후추) ⋯⋯⋯⋯⋯⋯⋯⋯⋯⋯ some
Salt(소금) ⋯⋯⋯⋯⋯⋯⋯⋯⋯⋯⋯⋯ some

Method(조리방법)

고르곤졸라 치즈 에스푸마(Gorgonzola Cheese Espuma) 만들기

1 양파 곱게 다져서 준비한다.

2 두꺼운 냄비에 버터 넣고 양파 살짝 볶다가 고른곤졸라 치즈 70g, 우유 200ml, 생크림 50ml 넣고 치즈가 녹을 때까지 끓여 소금, 후추로 맛을 내서 체에 거른다.

3 사이펀에 넣어 뚜껑을 닫고 질소가스를 충전한다.

4 냉장고에 3시간 이상 보관해서 사용한다.

사이펀기법(Siphon Technique)

- 거품기법의 일종으로 액체 상태에 거품을 넣어 새로운 질감, 향, 맛을 첨가하는 방법 중 사이펀을 이용한 기법이다. 사이펀을 이용하여 질소가스 캡슐을 이용하여 거품을 발생시켜서 에스푸마(Espuma) 기법이라고도 한다. 에스푸마는 약간의 젤라틴이 함유된 물이나 액체 혼합물 등을 휘핑 사이펀에 넣어 짜낸 차갑거나 더운 거품이나 퓌레를 말한다. 사이펀에 향과 맛을 낸 혼합물을 채워 넣은 뒤 가스 캡슐을 장착하고 눌러 짜면 아주 가벼운 질감의 거품을 만들 수 있다. 1994년 스페인 엘 불리(El Bulli) 레스토랑의 파란 아드리아(Farran Adria) 셰프가 흰 강낭콩, 비트, 아몬드 퓌레와 디저트 타르트를 채우기 위한 거품을 만드는 데 처음 이 기법을 사용하였다.

고르곤졸라 치즈

- 이탈리아의 대표적인 푸른색 곰팡이치즈로 달콤하고 톡 쏘는 맛이 특징이다. 사랑에 빠진 한 청년이 여인에게 정신이 팔려 수분이 많은 커드 덩어리를 습기가 많은 숙성실에 두고 나왔는데 다음날 아침 치즈 덩어리와 함께 섞어서 치즈를 만들었다. 몇 주 후에 청록색의 곰팡이가 생겼는데 맛이 좋아 고르곤졸라 치즈가 탄생했다는 설이 있다.

Stuffed Chicken Breast with Mushroom Duxelles in Gorgonzola Cheese Espuma
고르곤졸라 치즈 에스푸마에 버섯 뒥셀을 채운 닭가슴살

재료

Chicken Breast(닭가슴살)	1pc.	Olive Oil(올리브 오일)	30ml
Rosemary(로즈메리)	1g	Fresh Lemon(생크림)	30g
Mushroom(양송이)	50g	Red Onion(적양파)	15g
Fresh Cream(생크림)	45ml	White Wine Vinegar(화이트 와인식초)	5ml
Onion(양파)	30g	Soft Flour(밀가루)	5g
Garlic(마늘)	2ea	Butter(버터)	15g
Pineapple(파인애플)	15g	Gorgonzola Cheese Espuma	
Apple(사과)	1/4ea	(고르곤졸라 치즈 에스푸마)	30g
Sugar(설탕)	30g	Salt(소금)	some
Cinnamon Stick(계피)	15g	Pepper(후추)	some
Coriander(고수)	1g		

Method(조리방법)

양송이 뒥셀(Mushroom Duxelles) 만들기

1 양송이 깨끗이 씻어서 물기를 제거하고 작은 주사위 모양으로 자른다.

2 양파, 마늘은 곱게 다진다.

3 팬에 버터 넣고 마늘, 양파 넣고 볶다가 양송이 넣고 수분이 없어지도록 볶다가 밀가루 15g 넣고 살짝 볶는다.

4 생크림 45ml 넣어 졸이고 소금, 후추로 간을 한다.

사과 콩포트(Apple Comport) 만들기

1 사과 껍질 벗겨 얇게 썬다.

2 설탕 30g, 계피 1조각, 소금 1g, 물 200ml 넣고 은근히 끓여 사과 콩포트를 완성한다.

파인애플 살사(Pineapple Salsa) 만들기

1 적양파, 파프리카, 양파, 파인애플을 작은 주사위 모양으로 자른다.

2 마늘 곱게 다지고 코리앤더는 다져서 준비한다,

3 믹싱볼에 다진 파인애플과 채소, 마늘 담고 올리브 오일 30ml, 레몬즙, 소금, 후추로 간을 하고 다진 코리앤더 넣어 완성한다.

닭가슴살(Chicken Breast Cooking) 만들기

1 닭가슴살 힘줄과 지방을 제거하고 중간에 칼집을 넣어 올리브 오일 15ml, 로즈메리, 마늘, 소금, 후추해서 마리네이드한다.

2 마리네이드한 닭가슴살에 버섯 뒥셀을 채워준다.

3 두꺼운 팬에 올리브 오일 넣고 닭가슴살을 갈색으로 구워준다.

4 165℃ 오븐에 넣어 9분간 굽는다.

접시 담기(Plating)

1 구운 닭가슴살을 먹기 좋은 크기로 잘라 접시 중앙에 담는다.

2 사과 콩포트를 닭가슴살 옆에 예쁘게 담는다.

3 고르곤졸라 치즈 에스푸마를 사이펀으로 짜서 담는다.

4 파인애플 살사(소스)를 담고 허브로 장식해서 완성한다.

MEMO

10주차

Whole Pepper Sauce
통후추 소스

재료

Whole Pepper(통후추)	25~30ea	Demi-Glace(데미글라스)	30ml
Butter(버터)	20g	Shallot(샬롯)	1/2ea
Brandy(브랜디)	15ml	Salt(소금)	some
Fresh Cream(생크림)	30ml		

Method(조리방법)

통후추 소스(Whole Pepper Sauce) 만들기

1 통후추 줄기를 제거하고 유리 볼에 담아 준비한다. (건조된 통후추는 으깨서 준비한다.)

2 샬롯 1/2은 곱게 다져서 준비한다.

3 두꺼운 팬에 버터 넣고 다진 샬롯을 살짝 볶아준다.

4 통후추를 넣고 볶다가 브랜드로 플랑베한다.

5 플랑베한 후 생크림 30ml 넣고 반으로 졸여지면 데미글라스 넣고 끓여 소금으로 간해서 완성한다.

후추(Pepper)

- 쌍떡잎식물로 특유의 향과 매운맛이 나며 인도가 주원산지이다. 옛날에는 검은 황금이라 불렸다. 많은 유럽인들이 약탈한 대표적인 향신료이다. 역사상 가장 많은 인간을 죽게 만든 식재료로 유럽인들에게는 금과 동등한 가치를 가진 귀한 향신료이다.

Bisque Soup Under Puff Pastry Dome
퍼프 페스트리로 감싼 비스큐 수프

재료

Butter(버터)	50g	Tomato Paste(토마토 페이스트)	20g
Egg(달걀)	2ea	Fresh Cream(생크림)	3ml
Hard Flour(강력 밀가루)	100g	Thyme(타임)	1g
Crab(꽃게)	1ea	Bay Leaves(월계수 잎)	2pc.
Onion(양파)	80g	Whole Pepper(통후추)	10ea
Carrot(당근)	40g	Rice(쌀)	30g
Celery(셀러리)	40g	Salt(소금)	some
Brandy(브랜디)	10ml	Pepper(후추)	some

Method(조리방법)

퍼프 페스트리(Puff Pastry) 반죽하기

1 밀가루 체에 쳐서 준비한다.

2 버터는 실내에 보관하여 부드럽게 만든다.

3 달걀은 노른자와 흰자를 분리해서 노른자 1개를 믹싱볼에 담고 체친 밀가루 1컵을 넣고, 소금 1g, 물 1/3컵 넣고 손으로 반죽을 한다.

4 반죽을 1회용 비닐에 넣고 냉장고에서 휴지시켜 준다(약 30분).

퍼프 페스트리(Puff Pastry) 밀기

1 대리석 위에 밀가루로 덧가루 뿌리고 휴지시킨 반죽을 밀대로 밀어 편다.

2 버터를 사각형으로 0.5cm 두께로 잘라서 반죽 사이에 넣고 밀대로 두드려 펴서 얇게 밀어준다. 3번 이상 반복하여 퍼프 페스트리 반죽을 만든다.

3 비닐에 싸서 냉장고에 보관한다.

비스큐 수프(Bisque Soup) 만들기

1 꽃게 껍질을 분리하고 반으로 잘라 팬에 올려 220℃에서 15분간 구워준다(새우 머리를 넣어도 좋다).

2 양파, 샬롯, 당근, 셀러리는 얇게 썰어준다(Mire Poix).

3 쌀은 물에 담가 충분히 불려주고 믹서기에 넣어 곱게 갈아준다.

4 두꺼운 냄비에 버터를 충분히 두르고 양파, 샬롯, 당근, 셀러리 넣고 갈색이 날 때까지 볶아준다.

5 갈색이 나면 토마토 페이스트 넣고 신맛이 없어질 때까지 볶는다.

6 구운 새우머리와 게를 넣고 주걱으로 으깨면서 볶다가 브랜디 넣고 플랑베한다.

7 화이트 와인 40ml 넣고 디글라세해서 생선스톡 400ml 넣고 불린 쌀을 갈아서 넣고, 월계수 잎 2장, 통후추 10개, 타임 넣고 끓여준다.

8 수프가 끓으면 불순물을 건져내고 천천히 15분간 끓여 소금으로 간하고 고운체에 거른다.

9 내열성이 있는 수프 그릇에 비스큐 수프를 70~80% 채우고 수프볼 바깥쪽에 노른자를 바른다.

10 퍼프 페스트리 반죽으로 위를 덮고 노른자를 바르고 포크로 모양을 낸다.

11 220℃에서 15분간 구워준다(온도 주의).

12 퍼프 페스트리 반죽이 화산처럼 부풀어오르면 꺼낸다.

MEMO

Salt Crust Beef Sirloin Steak with Whole Pepper Sauce
소금으로 싸서 구운 소고기 등심과 통후추 소스

재료

Beef Sirloin(소 등심)	120g	Shallot(샬롯)	15g
Rock Salt(굵은소금)	80g	Black Ink(먹물)	1g
Spinach(시금치)	40g	Flour(밀가루)	15g
Asparagus(아스파라거스)	1ea	Rosemary(로즈메리)	1g
Baby Cabbage(방울양배추)	1ea	Thyme(타임)	1g
Cherry Tomato(방울토마토)	1ea	Butter(버터)	30g
Whole Pepper(통후추)	60ml	Salt(소금)	some
Olive Oil(올리브 오일)	45ml	Pepper(후추)	some
Garlic(마늘)	1ea		

Method(조리방법)

등심 스테이크(Beef Sirloin Steak) 만들기

1 채끝 등심은 힘줄과 기름을 제거한다.

2 120g으로 두껍게 잘라 올리브 오일 15ml, 로즈메리 1줄기, 통후추 으깬 것 넣어 마리네이드(Marinade)한다.

3 시금치 끓는 물에 소금 넣고 살짝 데쳐 찬물에 식혀 물기를 꼭 짠다.

4 두꺼운 팬에 올리브 오일 넣고 센 불에 등심 넣고 갈색으로 굽는다.

5 구운 등심은 데친 시금치로 주위를 싸서 소금 반죽으로 둥글게 싸서 200℃ 오븐에서 15분간 구워준다.

6 고기가 구워지면 오븐에서 꺼내 소금 반죽을 잘라 올려준다.

소금 반죽하기(Salt Crust)

1 달걀 노른자와 흰자를 분리하고 흰자는 거품기로 충분히 올려준다.

2 흰자 거품을 소금에 넣어 반죽을 한다.

더운 채소요리(Hot Vegetable) 만들기

1 아스파라거스 껍질 벗겨 끓는 물에 데쳐 버터에 살짝 볶는다.

2 작은 양배추는 끓는 물에 소금 넣고 데쳐 버터에 볶는다.

3 방울토마토 끓는 물에 삶아 껍질 제거하고 올리브 오일, 소금, 후추, 타임 넣고 180℃ 오븐에서 10분간 굽는다.

4 마늘 꼭지 제거하고 올리브 오일, 소금, 후추, 타임 넣고 180℃ 오븐에서 10분간 구워 구운 마늘(Roast Garlic)을 만든다.

5 달걀 껍질은 오븐에 살짝 말려서 준비한다.

먹물 튀일(Black Ink Tuile) 만들기

1 밀가루 1Ts, 먹물 1g, 올리브 오일 3Ts 넣고 거품기로 저어준다.

2 물 8.5Ts 넣고 소금 넣어 섞어준다.

3 팬에 얇게 펴서 구워 튀일(Tuile)을 만든다.

접시 담기(Plaiting)

1 구운 달걀 껍데기 속에 더운 채소를 예쁘게 담아준다.

2 구운 소금 반죽 위에 등심을 반으로 잘라 담고 허브로 장식한다.

MEMO

11주차

Lyonnaise Sauce
리오네즈 소스

재료

White Wine(화이트 와인)	50ml	Rosemary(로즈메리)	1g
Onion(양파)	1/2g	Whole Pepper(통후추)	1g
White Wine Vinegar(화이트 와인식초)	5ml	Bay Leaves(월계수 잎)	1g
Shallot(샬롯)	1ea	Butter(버터)	5g
Demi-Glace(데미글라스)	60ml	Salt(소금)	some
Thyme(타임)	1g		

Method(조리방법)

리오네즈 소스(Lyonnaise Sauce) 만들기

1 양파, 샬롯 얇게 채 썰어 준비한다.

2 두꺼운 팬에 버터 넣고 양파와 샬롯을 넣어 천천히 갈색으로 볶아준다.

3 갈색으로 볶아지면 화이트 와인 넣고 반으로 졸여 데미글라스 넣어준다.

4 타임, 로즈메리, 월계수 잎, 통후추 넣고 10분간 끓여준다.

5 화이트 와인식초 5ml 넣고 소금으로 간해서 완성한다.

리오네즈 소스(Lyonnaise Sauce)

- 전통 프랑스식 소스로 백포도주, 갈색으로 볶은 양파, 브라운 스톡 등을 넣어 만드는 소스로 프랑스 제2의 도시 리옹의 지명을 따서 붙여진 이름으로 일명 양파 소스로 불린다. 리옹에서는 양파가 많이 생산된다. 양파를 와인에 갈색이 날 때까지 조려 브라운 소스와 혼합하여 만든다.

- Lyonnaise(리오네즈): 리옹풍의~~~~

Lyonnaise Potato(리오네즈 포테이토)

- 감자의 껍질을 제거하고 반으로 잘라 각을 없앤 뒤 둥글게 만들어 약 0.3~0.4cm 두께로 썰어 중간 정도 삶아서 식힌다. 팬에 정제 버터 넣고 잘게 썬 베이컨을 볶다가 얇게 썬 양파를 볶은 후 색이 날 때까지 볶아 완성한다. 프랑스 리옹의 유명한 감자요리이다.

Lyonnaise Salad(리오네즈 샐러드)

- 프랑스 리옹 지방에서 유명한 샐러드로 전통적으로 프리세(Frisee), 에스카롤(네덜란드 상추), 루콜라 채소에 바삭한 베이컨, 반숙 달걀에 비네그레트 드레싱을 뿌려 만든다.

Grilled Rock of Lamb with Pistachio Crust & Lyonnaise Sauce
피스타치오 크러스트를 곁들인 양갈비 구이와 리오네즈 소스

재료

Lamb Chop(양갈비)	200g	Baby Cabbage(방울양배추)	1ea
Potato(감자)	1/2ea	Garlic(마늘)	3ea
Pistachio(피스타치오)	15g	Honey(꿀)	15ml
Crumb(빵가루)	50g	Cream Cheese(크림치즈)	30g
Tomato(토마토)	1/4ea	Italian Parsley(이탈리안 파슬리)	1g
Mint Jelly(민트젤리)	5ml	Olive Oil(올리브 오일)	45ml
Rosemary(로즈메리)	1g	Sweet Potato(고구마)	1ea
Thyme(타임)	1g	Bacon(베이컨)	30g
Carrot(당근)	50g	Butter(버터)	30g
Mushroom(양송이)	40g	Salt(소금)	some
Dijon Mustard(디종 머스터드)	10g	Pepper(후추)	some

Method(조리방법)

Lamb Chop Marinade(양갈비 마리네이드하기)

1   양갈비(프렌치랙) 준비해서 힘줄과 기름을 제거하고 모양을 잡아준다.

2   올리브 오일과 로즈메리, 타임, 마늘, 으깬 후추 넣고 버무린다.

Pistachio Crust(피스타치오 크러스트 만들기)

1   피스타치오는 껍질을 제거하고 파란 부분으로 준비한다.

2   빵가루는 뜨거운 팬에 살짝 볶아준다.

3   믹서기에 빵가루 50g, 마늘 1쪽, 이태리 파슬리 2쪽 넣고 갈아준다.

4   마지막에 피스타치오 15g 넣고 같이 갈아서 체에 내려 준비한다.

Lamb Chop Cooking(고기 굽기)

1   마리네이드(Marinade)한 양갈비 허브를 털어내고 소금으로 간을 한다.

2   두꺼운 팬에 올리브 오일 두르고 센 불에서 갈색으로 굽다가 으깬 마늘과 허브, 버터 넣고 아로제(arroser)해서 레스팅(Resting)한다.

3   레스팅(Resting)한 양갈비에 꿀과 디종 머스터드를 바르고 피스타치오 크러스트 묻혀서 165℃ 오븐에서 8분간 구워준다.

더운 채소요리(Hot Vegetable) 만들기

1   꼬마 양배추는 끓는 물에 삶아서 버터에 소금, 후추 해서 살짝 볶아준다.

2   토마토는 끓는 물에 껍질 벗겨 1/8로 잘라 올리브 오일 바르고 소금, 후추 하고 타임, 마늘 슬라이스 올려 165℃ 오븐에서 12분간 굽는다.

3   당근은 예쁘게 잘라 끓는 물에 삶아 설탕, 소금 넣어 윤기 나게 한다.

4   마늘에 소금, 후추, 로즈메리해서 165℃ 오븐에서 10분간 구워준다.

5   만가닥버섯은 버터 넣고 소금, 후추로 간한다.

Jacket Potato(자켓 포테이토)

1   감자는 깨끗이 씻어 반으로 잘라 버터, 소금 해서 165℃ 오븐에서 30분간 구워준다.

2   구운 감자를 꺼내 속을 파서 크림치즈, 구운 베이컨 넣고 소금, 후추해서 다시 채워준다.

3   위에 다진 베이컨 올리고 치즈 뿌려 135℃ 오븐에 10분간 구워 완성한다.

MEMO

Cream of Broccoli Soup
브로콜리 크림 수프

재료

브로콜리(Broccoli)	150g	양파(Onion)	1ea
치킨 스톡(Chicken Stock)	400ml	당근(Carrot)	50g
양파(Onion)	30g	셀러리(Celery)	50g
월계수 잎(Bay Leaves)	2pc.	타임(Thyme)	2g
이탈리안 파슬리(Italian Parsley)	1g	통후추(Whole Pepper)	10ea
버터(Butter)	30g	로즈메리(Rosemary)	2ml
밀가루(Flour)	15g	후추(Pepper)	1g
생크림(Fresh Cream)	30ml	소금(Salt)	1g
닭뼈(Chicken Bone)	500g		

Method(조리방법)

Chicken Stock

1 닭뼈를 찬물에 담가 핏물을 제거한다.

2 양파 100g, 당근 50g, 셀러리 50g 주사위 모양으로 잘라 미르포아(Mire Poix)를 만든다.

3 핏물을 제거한 닭뼈에 물을 붓고 삶아서 찬물에 담가 씻어낸다.

4 찬물 1500ml를 붓고 불에 올려 미르포아 넣고 끓인다.

5 타임과 로즈메리 넣고 월계수 잎, 통후추 넣어 끓여준다.

6 스톡이 끓으면 기름과 불순물을 제거하고 1시간 정도 은근히 끓여준다.

7 소창(Cheese Cloth)에 걸러 식혀서 사용한다.

브로콜리 크림 수프(Broccoli Cream of Soup)

1 양파를 얇게 채 썰고, 브로콜리도 잘게 썰어 준비한다.

2 두꺼운 냄비에 버터를 녹이고, 양파를 볶다가 브로콜리를 넣고 충분히 볶는다.

3 충분히 볶은 브로콜리에 밀가루 15g 넣고 볶다가 치킨 스톡 400ml 넣고, 월계수 잎 1장 넣어 끓인다.

4 수프를 믹서기에 넣고 곱게 갈아 체에 걸러준다.

5 생크림 넣고 소금, 후추로 간해서 수프를 완성한다.

콜리플라워 크림 수프 가니쉬(Garnish) 준비하기

1 생크림을 거품기로 저어서 휘핑크림을 만든다.

2 브로콜리를 먹기 좋은 크기로 잘라 데쳐서 준비한다.

접시에 담기(Plaiting)

1 수프 볼에 브로콜리 수프 담아준다.

2 수프 위에 휘핑크림 올리고 브로콜리 올린다.

MEMO

Cream of Asparagus Soup
아스파라거스 크림 수프

재료

아스파라거스(Asparagus)	150g	닭뼈(Chicken Bone)	500g
치킨 스톡(Chicken Stock)	400ml	양파(Onion)	1ea
양파(Onion)	30g	당근(Carrot)	50g
월계수 잎(Bay Leaf)	2ea	셀러리(Celery)	50g
이탈리안 파슬리(Italian Parsley)	1g	타임(Thyme)	2g
버터(Butter)	30g	통후추(Whole Pepper)	10ea
밀가루(Flour)	15g	후추(Pepper)	1g
생크림(Fresh Cream)	30ml	소금(Salt)	1g

Method(조리방법)

Chicken Stock 만들기

1 닭뼈를 찬물에 담가 핏물을 제거한다.

2 양파 100g, 당근 50g, 셀러리 50g 주사위 모양으로 잘라 미르포아(Mire Poix)를 만든다.

3 핏물을 제거한 닭뼈에 물을 붓고 삶아서 찬물에 담가 씻어낸다.

4 찬물 1500ml를 붓고 불에 올려 미르포아 넣고 끓인다.

5 타임과 로즈메리 넣고 월계수 잎, 통후추 넣어 끓여준다.

6 스톡이 끓으면 기름과 불순물을 제거하고 1시간 정도 은근히 끓여준다.

7 소창(Cheese Cloth)에 걸러 식혀서 사용한다.

아스파라거스 크림 수프(Asparagus Cream of Soup)

1 양파는 얇게 채 썰고, 아스파라거스도 잘게 썰어 준비한다.

2 두꺼운 냄비에 버터를 녹이고, 양파를 볶다가 아스파라거스를 넣고 충분히 볶는다.

3 충분히 볶은 아스파라거스에 밀가루 15g 넣고 볶다가 치킨 스톡 400ml 넣고, 월계수 잎 1장 넣어 끓인다.

4 수프를 믹서기에 넣고 곱게 갈아 체에 걸러준다.

5 생크림 넣고 소금, 후추로 간해서 수프를 완성한다.

아스파라거스 크림 수프 가니쉬(Garnish) 준비하기

1 생크림을 거품기로 저어서 휘핑크림을 만든다.

2 아스파라거스 길게 잘라 끓는 물에 데친다.

접시에 담기(Plaiting)

1 수프 볼에 아스파라거스 수프를 담아준다.

2 수프 위에 휘핑크림 올린다.

3 아스파라거스 길게 썰어 데친 것 올려 완성한다.

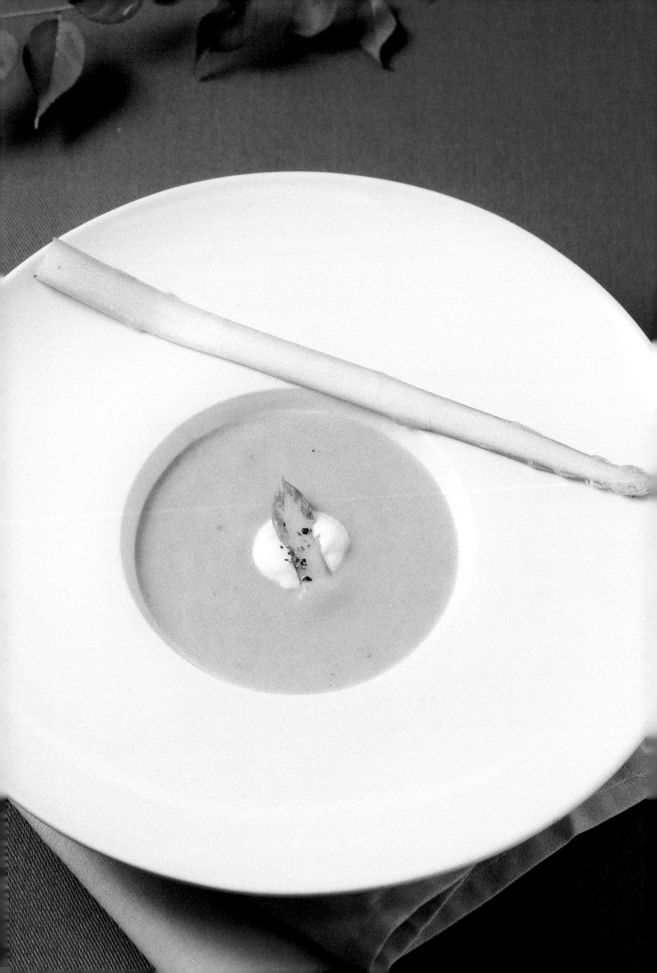

MEMO

APPENDIX

주차별
실습 레시피

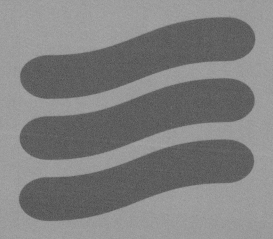

Appendix: 주차별 실습 레시피

1. 〔Stock〕 Chicken Stock
   : Chicken Stock
   : Chicken Roll Stuffed with Bread in Orange Sauce
2. 〔Sauce〕 Bolonaise Sauce, Carbonara Sauce
   : Tomato Sauce
   : Bolonaise Sauce
   : Spaghetti alla Carbonara, Spaghetti alla Bolonaise
3. 〔Stock〕 Fish Stock, Court Bouillon
   : Fish Stock, Court Bouillon
   : Saffron Sauce
   : Poached Halibut Stuffed with Shrimp in Saffron Sauce
4. 〔Red Sauce〕 Tomato Sauce, Pizza Sauce
   : Mayonnaise &Tyrolienne Sauce
   : Pizza Sauce & Combination Pizza
5. 〔Brown Sauce〕Glace de Viands Sauce, Demi-Glace Sauce
   : Red Wine Sauce
   : Brown Stock
   : Grilled Beef Tenderloin Steak with Red Wine Sauce in Dutch Potato
6. 〔Chicken Veloute〕Vin Blanc Sauce, White Wine Sauce
   : Chicken Veloute
   : Ravigote Sauce(Shallot and Herb Sauce)
   : Grilled Red Snapper with Ravigote Sauce in Green Peas Puree
7. 〔Sauce〕 Bigarade Sauce, Orange Sauce
   : Roast Duck Breast with Sweet Pumpkin Mousse in Bigarade Sauce
   : Bigarade Sauce
   : Cream of Sweet Pumpkin Soup in Egg Form
8. 〔Yellow Sauce〕 Bearnaise Sauce, Choron Sauce
   : Cream of Cauliflower Soup
   : Grilled Salmon and Basil Pesto with Bearnaise Sauce
   : Bearnaise Sauce
9. 〔Salsa, Chutney〕 Tomato Salsa, Apple Chutney
   : Clam Chowder Soup with Pane
   : Gorgonzola Cheese Espuma
   : Stuffed Chicken Breast with Mushroom Duxelles in Gorgonzola Cheese Espuma
10. (Crustacean Stock) Bisque Soup
    : Bisque Covered with Puff Pastry
    : Green Pepper Sauce
    : Salt Crust Beef Sirloin Steak with Green Whole Pepper Sauce
11. 〔Sauce〕 Lyonnaise Sauce
    : Grilled Rock of Lamb with Pistachio Crust & Lyonnaise Sauce
    : Lyonnaise Sauce

Standard Recipe Card

English Menu	Chicken Stock		
Korean Menu	치킨 스톡		
학번		학년/반	성 명

Ingredient	Q'ty	Unit
Chicken Bone	1	kg
Onion	150	g
Carrot	80	g
Celery	80	g
Bay Leaf	1	piece
Whole Pepper	6	ea
Leek	60	g
Fresh Thyme	2	g
Garlic	2	ea
Water	3	lt

DATE	
Portion	
Cooking Time	
MEMO	
확인	(인)

Method(조리방법)

치킨 스톡 준비(Chicken Stock Mise en Place)

1. 닭뼈 찬물에 담가 핏물을 제거한다.
2. 양파, 당근, 셀러리, 대파 큼직하게 썰어 미르포아를 준비한다.
3. 셀러리 줄기에 월계수 잎, 타임, 마늘을 실로 묶어 부케가르니를 만든다.

치킨 스톡 만들기(Chicken Stock Cooking)

1. 찬물에 닭뼈 넣고 끓인다. 물이 끓어오르면 물을 버리고 닭뼈를 흐르는 물에 깨끗이 씻어 핏물과 불순물을 제거한다.
2. 소스 통에 닭뼈, 물 3리터, 미르포아 넣고 찬물에서부터 끓인다.
3. 치킨 스톡의 표면에 떠오르는 기름과 불순물을 국자로 제거한다.
4. 부케가르니와 통후추를 넣고 천천히 시머링한다.

치킨 스톡(Chicken Stock) 완성하기

1. 치킨 스톡이 맑고 투명하게 끓여졌으면 면포에 걸러준다.
2. 흐르는 물이나 얼음물에 넣고 완전히 식힌다.
3. 진공팩이나 통에 담고 제품명, 제조날짜, 제조자 등을 작성하여 보관하여 사용한다.

Standard Recipe Card

English Menu	Chicken Roulad with Mashed Potato in Orange Sauce		
Korean Menu	오렌지 소스를 곁들인 닭 룰라드에 매쉬드 포테이토		
학번		학년/반	성 명

Ingredient	Q'ty	Unit	
Chicken	1	piece	
Dried Apricots	30	g	
Raisin	20	g	
Bread	1	piece	
Thyme	2	g	
Rosemary	2	g	
Egg	1	ea	
Broccoli	30	g	
Tomato	1	ea	
Potato	1	ea	**Method(조리방법)**
Sugar	15	g	
Orange	1	ea	
Fresh Cream	50	ml	
Red Wine	60	ml	
Brandy	5	ml	
Olive Oil	10	ml	
Salad Oil	45	ml	
Flour	15	g	
Whole Pepper		g	
Carrot		g	
Garlic	1	ea	
Salt & Pepper			

Method(조리방법)

닭 발골(Chicken Deboning)
1. 먼저 닭의 양쪽 날개를 제거한다.
2. 척추를 중심으로 닭의 등 쪽 양쪽에 길게 칼집을 넣어준 뒤, 양쪽 다리를 잡고 꺾어 다리를 눌러준다.
3. 닭의 어깨 연골 부분에 정확히 칼집을 넣어 닭 날개를 분리한다.
4. 닭의 등에서부터 등 쪽 살을 발라내고 이어서 탈골시켜 두었던 다리와 닭 안심 부위를 도려낸다. 반대편도 똑같이 한다.
5. 날개와 다리는 뼈를 따라 길게 칼집을 넣어준 뒤 칼로 살살 칼집을 넣어 밀면서 뼈와 살을 분리해 낸다. 연골 부위는 특히 조심스럽게 도려낸다.
6. 한 장 뜨기 된 닭을 펼쳐서 뼈가 있는지 확인하고 비닐로 덮어준 뒤 텐더라이저로 골고루 두드려 펴고 칼끝 으로 힘줄을 끊어준다.

닭 룰라드(Chicken Roulad)
1. 한 장 뜨기로 한 닭은 올리브유, 통후추, 로즈메리, 타임으로 마리네이드해 냉장고에 보관한다.
2. 식빵은 작은 주사위 모양으로 질라 올리브유, 마늘 다져 넣고 160도 오븐에서 12분간 굽는다.
3. 오븐에 구워낸 빵에 건살구, 건포도, 로즈메리, 달걀을 넣고 반죽한다.
4. 김발에 비닐을 깔고 마리네이드한 치킨을 올린 뒤 만들어둔 반죽을 넣고 둥글게 돌돌 말아 조리용 실로 묶 어준다.
5. 팬에 올리브유 두르고 굽다가 브랜디로 플랑베하고 버터로 베이스팅하여 향과 맛을 더한다.
6. 180도 오븐에 넣고 12분간 구워 익힌 후 먹기 좋은 크기로 자른다.

더운 채소(Hot Vegetable)
1. 감자는 껍질을 벗겨 물에 소금 넣고 푹 익혀 체에 내린다. 체에 내린 감자에 버터, 생크림, 소금, 후추, 육두구 넣고 섞어 매쉬드 포테이토를 만든다.
2. 끓는 물에 브로콜리, 방울토마토 데쳐 껍질을 제거하고 올리브유, 마늘, 소금, 후추, 타임 넣어 160도 오븐 에서 8분간 구워준다.
3. 브로콜리는 버터에 소금, 후추로 간해 볶아 완성한다.
4. 밀가루 15g, 물 75ml, 식용유 45ml를 잘 섞어 팬에 넣어 튀일을 만든다.

오렌지 소스(Orange Sauce)
1. 설탕 15g을 팬에 넣고 캐러멜라이징하고 적포도주, 오렌지주스, 오렌지 제스트 넣고 조려준다.
2. 오렌지 소스 농도가 생기면 오렌지 세그먼트 넣고 끓여 완성한다.

접시 담기(Plaiting)
1. 접시 바닥에 으깬 감자 올리고 치킨 룰라드 올려준다.
2. 브로콜리, 오븐 드라이 토마토 올리고 튀일 올려준다.
3. 소스 뿌리고 로즈메리로 장식해서 완성한다.

DATE	
Portion	
Cooking Time	
MEMO	
확인	(인)

Standard Recipe Card

English Menu	Tomato Sauce
Korean Menu	토마토 소스

학번		학년/반		성 명	

Ingredient	Q'ty	Unit
Tomato Whole	1	kg
Tomato Puree	200	g
Garlic	30	g
Onion	60	g
Sugar	30	g
Olive Oil	20	ml
Basil	3	g
Bay Leaves	2	piece
Salt	1	g
Pepper	1	g
Spaghetti	60	g

Method(조리방법)

토마토 소스 준비(Tomato Sauce Mise en Place)

1. 토마토를 끓는 물에 삶아 껍질을 제거하고 4등분하여 씨 제거하고 작은 주사위 모양으로 자른다.
2. 양파 1개와 마늘 3쪽 곱게 다진다.
3. 토마토 홀은 잘게 다져 준비한다.
4. 찬물에 담가 싱싱하게 해둔 바질은 깨끗이 씻어 물기를 제거한다.

토마토 소스 만들기(Tomato Sauce Cooking)

1. 팬을 달구고 올리브 오일 두른 뒤 다진 양파와 마늘 넣어 볶는다.
2. 팬에 토마토 퓌레 넣고 살짝 볶아준 다음 토마토 홀 다진 것을 넣는다.
3. 월계수 잎 2장을 넣고 10~15분 정도 은근하게 끓여준다(시머링).
4. 소스에 소금과 후추를 넣어 간하고 생바질 채 썰어 소스에 넣는다.
5. 월계수 잎 건져내고 믹서기에 토마토 소스를 갈아 체에 걸러 사용하거나 기호에 따라 건더기 있게 사용하기도 한다.

토마토 소스 스파게티(Tomato Sauce Spaghetti)

1. 냄비에 물고 소금, 올리브 오일을 약간 넣고 스파게티를 7분 정도 삶는다.
2. 면이 삶아지면 체에 건져 올리브 오일을 뿌려 버무려 둔다.
3. 팬에 올리브 오일을 두른 뒤 스파게티 면을 넣고 약한 불에서 볶아준다. 소금, 후추 간을 한다.
4. 면이 볶아지면 토마토 소스를 넣고 면에 토마토 소스 맛이 스며들도록 한다. 통바질 잎을 잘라 넣어 향을 첨가한다.

접시에 담기(Plaiting)

1. 파스타를 나무젓가락으로 둥글게 말아 접시에 담는다.
2. 파스타 위에 팔마산 치즈 갈아서 올리고 바질로 장식해서 완성한다.

DATE	
Portion	
Cooking Time	
MEMO	
확인	(인)

Standard Recipe Card

English Menu	Bolonaise Sauce		
Korean Menu	볼로네이즈 소스		
학번		학년/반	성 명

Ingredient	Q'ty	Unit
Beef Ground	150	kg
Tomato Whole	300	g
Tomato Puree	80	g
Tomato Paste	45	g
Garlic	10	g
Carrot	50	g
Onion	100	g
Celery	50	g
Red Wine	30	ml
White Wine	10	ml
Oregano	1	g
Tabasco	1	g
Bay Leaves	2	pc.
Olive Oil	6	ml
Salt	1	g
Pepper	1	g
Spaghetti	60	g

Method(조리방법)

볼로네이즈 소스 준비(Bolonaise Sauce Mise en Place)

1. 토마토를 끓는 물에 데쳐서 껍질을 제거하고 작은 주사위 모양으로 자른다.
2. 소고기는 다져서 핏물을 제거한다.
3. 양파 1개와 마늘 3쪽 곱게 다진다.
4. 토마토 홀은 잘게 다져 준비한다.
5. 찬물에 담가 싱싱하게 해둔 바질은 깨끗이 씻어 물기를 제거한다.

볼로네이즈 소스 만들기(Bolonaise Sauce Cooking)

1. 다진 소고기 소금, 후추 해서 마늘 넣고 볶아 준비한다.
2. 팬을 달구고 올리브 오일 두른 뒤 다진 양파 넣고 볶다가 토마토 페이스트 넣고 볶는다.
3. 팬에 토마토 퓌레 넣고 살짝 볶아준 다음 토마토 홀 다진 것을 넣고 소고기 볶은 것 넣고 치킨 스톡 넣고 끓여준다.
4. 월계수 잎 2장을 넣고 10~15분 정도 은근하게 끓여준다(시머링).
5. 소스에 소금과 후추를 넣어 간을 하고 오레가노 넣어 살짝 끓여 완성한다.

볼로네이즈 소스 스파게티(Bolonaise Sauce Spaghetti)

1. 냄비에 물과 소금, 올리브 오일을 약간 넣고 스파게티 7분 정도 삶는다.
2. 면이 삶아지면 체에 건져 올리브 오일을 부려 버무려 둔다.
3. 팬에 올리브 오일을 두른 뒤 스파게티 면을 넣고 약한 불에서 볶아준다. 소금, 후추 간을 한다.
4. 면이 볶아지면 볼로네이즈 소스를 넣고 면에 소스 맛이 스며들도록 한다. 바질 잎을 잘라 넣어 향을 첨가한다.

접시에 담기(Plaiting)

1. 파스타를 나무젓가락으로 둥글게 말아 접시에 담는다.
2. 파스타 위에 팔마산 치즈 갈아서 올리고 바질로 장식해서 완성한다.

DATE	
Portion	
Cooking Time	

MEMO	
확인	(인)

Standard Recipe Card

English Menu	Carbonara Sauce		
Korean Menu	까르보나라 소스		
학번		학년/반	성 명

Ingredient	Q'ty	Unit
Onion	100	g
Mushroom	50	g
Fresh Cream	500	ml
Bacon	50	g
Egg Yolk	1	ea
Butter	50	g
Parsley	1	g
Black Pepper Whole	2	g
Parmigiano Reggiano	20	g
Salt	1	g
Spaghetti	60	g
Fresh Tomato	1/4	ea
Broccoli	50	g

Method(조리방법)

까르보나라 소스 준비(Carbonara Sauce Mise en Place)

1. 양파는 채로 썰고, 양송이 슬라이스, 베이컨은 먹기 좋은 크기로 자른다.
2. 토마토는 껍질 벗겨 작은 주사위 모양으로 자른다.
3. 달걀은 노른자만 따로 준비하고 팔마산 치즈는 강판에 갈아 준비한다.
4. 통후추는 으깨서 준비한다.

까르보나라 소스 만들기(Carbonara Sauce Cooking)

1. 팬에 베이컨을 넣고 약한 불에 볶는다.
2. 양파, 양송이 넣고 버터로 볶다가 소금, 후추로 간을 한다.
3. 생크림 250ml에 달걀 노른자, 팔마산 치즈 넣고 소금, 후추 해서 불을 줄이고 조심스럽게 넣는다.
4. 남은 생크림 넣고 천천히 끓여 농도를 맞춘 후 간을 해서 완성한다.

까르보나라 소스 스파게티(Carbonara Sauce Spaghetti)

1. 면을 삶아 체에 건져 올리브 오일을 뿌려 버무려 놓는다.
2. 양파 채 썰고 브로콜리 끓는 물에 살짝 데쳐 한입 크기로 준비한다.
3. 팬에 버터 넣고 양파를 볶다가 브로콜리와 스파게티 면을 넣고 소금, 후추 간하여 볶는다.
4. 면이 엉기기 시작하면 까르보나라 소스를 넣고 잘 섞어 완성한다.

접시에 담기(Plaiting)

1. 파스타를 나무젓가락으로 둥글게 말아 접시에 담는다.
2. 파스타 위에 팔마산 치즈 갈아서 올리고 토마토 콩카세, 바질로 장식해서 완성한다.

DATE	
Portion	
Cooking Time	
MEMO	
확인 (인)	

Standard Recipe Card

English Menu	Fish Stock, Court Bouillon		
Korean Menu	생선 스톡, 쿠르부용		
학번		학년/반	성 명

Ingredient	Q'ty	Unit
Fish Stock		
Fish Bone	80	g
Onion	40	g
Celery	20	g
Parsley	1	g
White Wine	40	ml
Butter	20	g
Bay Leaf	1	g
Whole Pepper	1	g
Salt	1	g
Court Bouillon		
Onion	40	g
Celery	20	g
Parsley	1	g
White Wine	40	ml
Vinegar	5	ml
Lemon	40	g
Bay Leaf	1	g
Whole Pepper	1	g
Salt	5	g

DATE	
Portion	
Cooking Time	
MEMO	
확인	(인)

Method(조리방법)

생선 스톡(Fish Stock)

1. 생선뼈를 찬물에 담가 핏물을 제거한다.
2. 양파, 셀러리는 얇게 채를 썬다.
3. 양송이는 슬라이스하고, 파슬리 줄기를 준비한다.
4. 냄비에 버터 넣고 물기를 제거한 생선뼈 넣고 살짝 볶다가 양파, 셀러리, 마늘 넣고 살짝 볶는다. (절대 색이 나지 않도록 한다.)
5. 화이트 와인 넣고 데글라세(Deglacer)한다.
6. 차가운 물 400ml 넣고 월계수 잎 1장, 통후추 10개, 타임 1g, 파슬리 줄기 넣고 10분간 끓여 면포에 걸러 완성한다.

쿠르부용(Court Bouillon)

1. 양파, 셀러리는 얇게 채를 썬다.
2. 스톡 냄비에 물 400ml 넣고 양파, 셀러리 썬 것을 넣는다.
3. 화이트 와인 40ml, 식초 5ml, 월계수 잎 1장, 파슬리 줄기, 레몬, 통후추, 소금 넣고 끓인다.
4. 5분 정도 끓여 체에 걸러 사용한다.

〈쿠르부용(Court Bouillon)〉

- 전통적으로 생선이나 해산물 등을 포칭하기 위해 만든 액체이다. 여러 가지 채소와 허브 등을 물에 넣고 끓여서 만든다. 포도주, 레몬주스 또는 식초, 소금을 첨가해서 만든다.

〈데글라세(Deglacer)/데글라사주(Deglacage)〉

- 디글레이즈, 디글레이징. 조리 중에 팬에 눌어붙어 캐러멜화된 곳에 육즙에 액체(화이트 와인, 레드 와인, 코냑, 마데이라 와인, 포트 와인 또는 육수, 식초 등)를 넣고 불려서 녹여내는 방법이다. 이는 주로 남은 맛즙을 애용하여 농축 육즙이나 소스를 만들기 위해서이다.

Standard Recipe Card

English Menu			Saffron Sauce
Korean Menu			샤프란 소스

학번			학년/반		성 명	

Ingredient	Q'ty	Unit
Saffron	1	g
White Wine	200	ml
Fish Stock	200	ml
Mushroom	30	g
Onion	50	g
Parsley	10	g
Fresh Cream	50	ml
Butter	50	g
Soft Flour	30	g
Bay Leaf	1	g
Whole Pepper	1	g
Salt	1	g

DATE

Portion

Cooking Time

MEMO

확인 (인)

Method(조리방법)

화이트 와인 소스(White Wine Sauce/Vin Blanc Sauce)

1. 양파를 얇게 채 썰고, 양송이는 편으로 썰어준다.
2. 화이트 와인 50ml를 넣고 1/2로 졸여 타임, 딜, 월계수 잎 1장, 통후추, 생선 스톡 100ml 넣고 반으로 졸여준다.
3. 생크림 30ml 넣고 화이트 루를 넣어준다.
4. 농도가 생기면 소금, 후추로 간을 해서 체에 걸러 완성한다.

샤프란 소스

1. 샤프란을 화이트 와인 15ml에 담가놓는다.
2. 샤프란 향이 충분히 우러나면 체에 거른다.
3. 샤프란을 화이트 와인 소스에 넣어 색을 내고 버터몽테(Monter au beurre)하여 완성한다.

〈샤프란〉

- 샤프란은 붓꽃과에 속하는 식물이 샤프란 크로커스(Saffron crocus, 학명: *Crocus sativus*) 꽃의 암술대를 건조시켜 만든 향신료이다. 강한 노란색으로 독특한 향과 쓴맛, 단맛을 낸다. 1g을 얻기 위해서 500개의 암술을 말려야 한다. 세계에서 가장 비싼 향신료라고도 한다. 이란 요리, 아랍 요리, 중앙아시아 요리, 유럽 요리, 인도 요리, 터키 요리, 모로코 요리 등에 사용된다. 샤프란은 서쪽으로 지중해에 동쪽으로는 카슈미르에 이르는 지대에서 대부분 생산된다. 1파운드를 만드는 데 5~7만 5천 송이의 꽃이 필요한데(7~20만 개의 암술대) 이는 축구장 넓이의 땅에서 피는 꽃의 양이다. 가격은 1파운드당 미화 500달러에서 5000달러까지 한다. 서양에서 평균 소매가격은 파운드당 1000달러 정도 한다.

〈샤프란 효능〉

- 샤프란은 우울증 치료에 사용되고 알츠하이머, 천식 등에 효과가 있다고 보고되었다. 현대의학에서 항암이나 항산화 효과가 있으며 중국과 인도 등에서 직물 염색제로 쓰이기도 한다.

Standard Recipe Card

English Menu	Poached Halibut Stuffed with Shrimp in Saffron Sauce		
Korean Menu	샤프란 소스를 곁들인 새우를 넣은 가자미찜		
학번		학년/반	성 명

Ingredient	Q'ty	Unit
Halibut	1	ea
Shrimp	3	ea
Mushroom	50	g
Fresh Cream	500	ml
Onion	40	g
Saffron Sauce	40	ml
Butter	50	g
Asparagus	1	ea
Cherry Tomato	1	ea
Garlic	1	ea
Broccoli	20	g
Carrot	60	g
Xanthan Gum	2	g
Sugar	30	g
Dill	1	ea
Arugula	20	g
Chicken Stock	200	ml
Court Bouillon	300	ml
Pepper		
Salt		
DATE		
Portion		
Cooking Time		
MEMO		
확인	(인)	

Method(조리방법)

생선 손질

1. 생선 비늘을 제거하고, 머리 잘라 내장을 제거한다.
2. 생선을 물기를 제거하고 5장 뜨고 소금, 후추로 간을 한다.〈생선 포칭〉
3. 새우 내장 제거하고 쿠르부용(Court Bouillon)에 삶아준다.
4. 마늘, 양파 다지고 양송이는 작은 주사위 모양으로 잘라 버터에 볶다가 밀가루 5g 넣고, 새우 자른 것 넣고 볶아 생크림 30g 넣어 생선 속재료를 만든다.
5. 비닐 팬을 깔고 생선을 얇게 깔아 미트텐더라이저(Meat Tenderizer)로 두들겨 얇게 펴고 속재료를 넣어 사각으로 예쁘게 싸서 준비한다.
6. 냄비에 버터 바르고 양파 다져 넣고 생선 올리고 화이트 와인 30ml, 생선 스톡 30ml, 딜, 타임, 파슬리 줄기, 레몬 넣어 5분간 포칭(Poaching)한다.

Hot Vegetable

1. 당근 껍질 벗겨 주사위 모양으로 잘라 물 2컵, 버터 15g, 설탕 15g, 소금 1g, 월계수 잎 1장 넣고 삶아서 물기 제거하고 잔탄검 넣고 당근 퓌레(Puree)를 만든다.
2. 아스파라거스 껍질 벗기고, 콜리플라워 먹기 좋은 크기로 잘라 끓는 물에 소금 넣고 삶아 찬물에 식혀 팬에 버터 넣고 볶다가 소금, 후추로 간해 준다.
3. 방울토마토는 끓는 물에 삶아서 껍질 제거하고 올리브유 바르고, 소금, 후추로 간하고 타임 올려 165도 오븐에서 7분간 구워준다.
4. 마늘 껍질 꼭지 제거하고 올리브유, 소금, 후추 해서 방울토마토와 같이 구워준다.

접시 담기

1. 깨끗한 메인 접시에 작은 숟가락으로 당근 퓌레를 선으로 담아준다.
2. 접시 중앙에 생선을 조심해서 올리고 브로콜리, 방울토마토, 구운 마늘 올린다.
3. 생선 맨 위에 당근 퓌레 올리고 아스파라거스, 오븐 드라이 방울토마토 올리고 허브로 장식한다.
4. 샤프란 소스 타원형으로 뿌려서 완성한다.

Standard Recipe Card

English Menu		Mayonnaise & Tyrolienne Sauce		
Korean Menu		마요네즈 & 티롤리엔느 소스		
학번		학년/반		성 명

Ingredient	Q'ty	Unit
Mayonnaise		
Egg Yolk	1	ea
White Pepper	1	g
Vinegar	20	ml
Mustard	5	ml
Salad Oil	100	ml
Fresh Lemon	10	ml
Tyrolienne Sauce		
Mayonnaise	100	ml
Tomato Puree	30	ml
White wine Vinegar	15	ml
Onion	40	g
Tarragon	1	g
Salt Pepper		
DATE		
Portion		
Cooking Time		
MEMO		
확인	(인)	

Method(조리방법)

마요네즈(Mayonnaise) 만들기

1. 달걀 흰자와 노른자를 분리한다.
2. 믹싱볼에 달걀 노른자 넣고 머스터드 넣어 거품기로 저어주면서 조금씩 식용유를 넣어 유화시켜 준다.
3. 걸쭉한 농도가 되면 레몬주스, 식초 넣고 소금, 후추로 간을 한다.

티롤리엔느 소스(Tyrolienne Sauce) 만들기

1. 양파는 곱게 다져서 물에 담가 매운맛 성분을 제거한다.
2. 타라곤은 잘게 썰어서 준비한다.
3. 믹싱볼에 마요네즈 넣고 토마토 퓌레 넣어 분홍색 소스가 되도록 만든다.
4. 다진 마늘, 타라곤 넣고 화이트 와인, 식초 넣어 맛을 낸다.
5. 소금, 후추로 간을 해서 완성한다.

그린 샐러드(Green Salad) 만들기

1. 샐러드 채소는 흐르는 물에 담가 깨끗이 손질해서 차가운 물에 담가 놓는다.
2. 방울토마토 적당한 크기로 잘라 준비한다.
3. 블랙 올리브는 물에 담가 소금기를 제거해 준다.
4. 샐러드 채소 물기를 완전히 제거한다.
5. 샐러드 접시에 예쁘게 담고 티롤리엔느 소스 뿌려서 완성한다.

Standard Recipe Card

English Menu	Pizza Sauce & Combination Pizza		
Korean Menu	피자 소스 & 콤비네이션 피자		

학번		학년/반		성 명	

Ingredient	Q'ty	Unit
Pizza Dough		
Pepperoni	60	g
Mozzarella Cheese	100	g
Tomato Sauce	120	ml
Anchovy	5	g
Oregano	1	g
Onion	1/4	ea
Garlic	2	ea
Beef Ground	80	g
Black Olive	5	ea
Arugula (Rucola)	10	g
Basil	1	g
Olive Oil	30	ml
Parmesan Cheese	5	g
Pizza Dough		
Hard Flour	2.5	kg
Fresh Yeast	36	g
Olive Oil	150	ml
Milk	800	ml
Sugar	50	g
Salt	20	g
DATE		
Portion		
Cooking Time		
MEMO		
확인	(인)	

Method(조리방법)

피자도우(Pizza Dough) 만들기

1. 강력 밀가루 체에 쳐서 준비한다.
2. 버티컬 믹서에 밀가루 넣고 이스트 36g, 우유 800ml, 설탕 50g, 소금 20g 넣고 반죽한다.
3. 적당한 반죽 농도가 되면 올리브유 150ml 넣어 3분간 2단에서 돌려 반죽을 마무리한다.
4. 반죽을 180g으로 잘라 둥글리기를 하여 올리브유 바르고 냉동하여 사용하기 하루 전에 저온 숙성 해서 사용한다.

피자 소스(Pizza Sauce) 만들기

1. 토마토 꼭지 제거하고 끓는 물에 삶아 껍질을 제거해서 곱게 다진다.
2. 마늘, 양파는 곱게 디지고 토마토 홀도 다져서 준비한다.
3. 두꺼운 냄비에 올리브 오일 넣고 마늘 넣고 볶다가 양파 넣는다.
4. 토마토 페이스트 넣고 볶다가 토마토 퓨레, 토마토 홀, 다진 토마토 넣고 끓인다.
5. 스톡 200ml 넣고 월계수 잎 넣고 은근히 끓이다가 바질, 오레가노 넣어 토마토 소스를 만든다.
6. 토마토 소스에 앤초비 넣어 피자 소스를 만든다.

피자(Pizza) 만들기

1. 마늘 다져서 소고기에 넣고 소금, 후추 해서 팬에 볶는다.
2. 아루굴라 손질해서 찬물에 담가 놓는다.
3. 페퍼로니 올리브 적당한 크기로 잘라 준비한다.
4. 피자도우를 둥근 모양으로 늘려 피자 소스 바르고 오레가노 뿌린다.
5. 소고기, 페퍼로니, 올리브 올리고 치즈 올려 베이커리 오븐에서 180도에서 18분간 구워준다.
6. 접시에 담고 위에 아루굴라 올리고 파르미지아노 레지아노 올려 완성한다.

Standard Recipe Card

English Menu	Brown Stock		
Korean Menu	브라운 스톡		
학번			
	학년/반		성 명

Ingredient	Q'ty	Unit
Beef Bone	5	kg
Chicken Bone	10	kg
Tomato	2	ea
Carrot	1	kg
Onion	2	kg
Celery	1	kg
Leek	200	g
Butter	100	g
Beef Stock	20	lt
Garlic	200	g
Red Wine	1	btl
Bouquet Garni		
Bay Leaves	3	pc.
Pasley	5	g
Clove	1	g
Rosemary	2	g
Thyme	2	g
Whole Pepper	2	g
Cooking thread	20	cm

Method(조리방법)

부케가르니(Bouquet Garni) 만들기

1. 양파를 길게 잘라 통후추, 정향을 박아준다.
2. 파슬리 줄기 길게 준비하고, 로즈메리, 타임 넣어 실로 묶어서 부케가르니를 만든다.
3. 스톡이나 육수에 넣어서 사용한다.

브라운 스톡(Brown Stock) 만들기

1. 소뼈, 닭뼈는 흐르는 물에 담가 핏물을 제거하고 165도 오븐에서 40분간 갈색으로 구워준다.
2. 양파 50%, 당근 25%, 셀러리 25% 큼직하게 썰어 미르포아를 만든다.
3. 대파, 마늘은 적당한 크기로 잘라 준비한다.
4. 소스통에 구운 소뼈, 닭뼈 넣고 찬물 넣어 불에 올려준다.
5. 미르포아 팬에 넣고 갈색으로 넣어 브라운 스톡에 넣고 부케가르니 넣어 약한 불에 끓인다. - 시머링(Simmering)
6. 거품이 올라오면 스키머(Skimmer)로 거품을 걷어낸다. - 스키밍(Skimming)

- 시머링(Simmering): 85~96도 사이에 은근히 끓이는 방법으로 재료가 흐트러지지 않도록 조심스럽게 조리하는 것을 의미한다. 은근히 끓이는 목적은 육수가 맑고 투명하게 만들기 위해서다.
- 스키밍(Skimming): 스톡 조리 시 수면 위에 떠 있는 기름과 거품을 제거하는 것을 의미한다.
- 부케가르니(Bouquet Garni): 프랑스어로 향초다발이란 뜻으로 스톡이나 소스 등의 향을 내는 데 사용된다. 결혼식장에 사용되는 부케와 어원이 같다.

DATE	
Portion	
Cooking Time	
MEMO	
확인	(인)

Standard Recipe Card

English Menu	Grilled Beef Tenderloin Steak with Red Wine Sauce in Dutch Potato
Korean Menu	더치 포테이토와 레드 와인 소스를 곁들인 안심스테이크

학번		학년/반		성 명	

Ingredient	Q'ty	Unit
Beef Tenderloin	180	g
Red Wine Sauce	100	ml
Sweet Pumpkin	100	g
Tomato	1/4	ea
Carrot	30	g
Garlic	2	ea
Mushroom	20	g
Shallot	1	ea
Thyme	1	g
Rosemary	1	g
Cherry Tomato	2	ea
Olive Oil	15	ml
Sweet Potato	1	ea
Butter	15	g
Whole Grain Mustard	5	g
Salad Oil	50	ml
Honey	20	ml
Sugar	5	g
Salt	1	g
Pepper	1	g

DATE	
Portion	
Cooking Time	

MEMO	
확인	(인)

Method(조리방법)

안심스테이크(Beef Tenderloin Steak)
1. 안심은 기름과 힘줄을 제거한다. – 트리밍(Trimming)
2. 안심 핏물을 제거하고 180g으로 잘라 미트 텐더라이저(Meat Tenderizer)로 부드럽게 만들어 둥근 모양으로 만든다.
3. 조리용 실을 이용하여 둥글게 묶어(Bind) 올리브 오일, 타임, 로즈메리, 으깬 후추 넣어 마리네이드한다.

더치 포테이토(Dutch Potato)
1. 감자 껍질 제거하고 냄비에 소금 넣고 삶아준다.
2. 체에 내려 생크림 15ml, 달걀 노른자, 넛맥, 소금, 후추로 간을 한다.
3. 짤주머니에 넣어 예쁘게 짜고 위에 달걀 노른자 바른다.
4. 185도 오븐에서 10분간 구워 완성한다.

단호박 무스(Sweet Pumpkin Mousse)
1. 단호박 껍질 벗겨 물에 소금 넣고 끓여준다.
2. 단호박이 익으면 고운체에 내려 꿀, 소금, 후추한다.
3. 농도는 잔탄검을 넣어 조절하고 버터몽테하여 완성한다.

더운 채소요리(Hot Vegetable)
1. 돼지호박 잘라서 올리베트(Olivette)로 깎아서 끓는 물에 삶아 식혀 버터에 볶아 소금, 후추로 간을 한다.
2. 당근은 올리베트로 깎아 끓는 물에 삶아 버터, 설탕, 물 넣고 글레이징(Glazing)한다.
3. 토마토 끓는 물에 삶아 껍질 제거하고 올리브 오일 바르고 소금, 후추해서 오븐 드라이 토마토를 만든다.
4. 마늘은 꼭지 따고 올리브 오일, 소금, 후추해서 165도 오븐에서 8분간 구워 로스트한다.
5. 버섯, 샬롯은 올리브 오일 바르고 소금, 후추해서 그릴에 구워준다.

튀일(Tuile)
1. 밀가루 1Tsp, 물 7.5Tsp, 식용유 3Tsp 거품기로 잘 섞어준다.
2. 팬을 달구어서 얇게 펴서 구워준다.
3. 구워지면 팬에서 꺼내 기름을 제거해 준다.
4. 밀가루와 물을 조절하여 밀도를 조절할 수 있다.

Standard Recipe Card

English Menu	Chicken Veloute		
Korean Menu	치킨 벨루테		
학번		학년/반	성 명

Ingredient	Q'ty	Unit
Chicken Stock		
Chicken Bone	1	kg
Onion	100	g
Carrot	50	g
Celery	50	g
Bay Leaves	2	pc.
Black Pepper Whole	10	ea
Thyme	1	g
Rosemary	1	g
Chicken Veloute		
Chicken Stock	300	ml
Butter	30	g
Flour	30	g

DATE	
Portion	
Cooking Time	
MEMO	
확인	(인)

Method(조리방법)

치킨 스톡(Chicken Stock)

1. 닭뼈를 찬물에 담가 핏물을 제거한다.
2. 양파 100g, 당근 50g, 셀러리 50g 주사위 모양으로 잘라 미르포아(Mire Poix)를 만든다.
3. 핏물을 제거한 닭뼈에 물을 붓고 삶아서 찬물에 담가 씻어낸다.
4. 찬물 1500ml를 붓고 불에 올려 미르포아 넣고 끓인다.
5. 타임과 로즈메리 넣고 월계수 잎, 통후추 넣어 끓여준다.
6. 스톡이 끓으면 기름과 불순물을 제거하고 1시간 정도 은근히 끓여준다.
7. 소창에 걸러 식혀서 사용한다.

치킨 벨루테(Chicken Veloute)

1. 버터 30g, 밀가루 30g 팬에 넣고 화이트 루(White Roux)를 만든다.
2. 치킨 스톡 조금씩 넣어 풀어준다.
3. 치킨 스톡이 윤기 있는 상아색이 나야 한다.

〈벨루테 정의〉

- 벨루테 소스는 서양 요리의 5가지 모체 소스 중에 하나로 루에 화이트 스톡을 넣어 만든 소스로 닭 육수, 생선 육수, 송아지 육수 등을 넣어 만든다. 벨루테 소스는 재료에 따라 여러 가지 파생 소스를 만들 수 있다. 색은 밝은 상아색이 나야 하며, 맛이 깊어야 한다.

〈미르포아(Mire Poix)〉

- 18세기 Mirepoix 공작의 요리장이 개발한 것으로 Stock, Bouillon을 만들 때 필요한 향신채소(당근, 양파, 셀러리)를 기본으로 향신료(백리향, 월계수 잎, 통후추) 등이 사용된다.

Standard Recipe Card

English Menu	Ravigote Sauce(Shallot and Herb Sauce)				
Korean Menu	라비고트 소스				
학번		학년/반		성 명	

Ingredient	Q'ty	Unit
White Wine	30	ml
Veloute Sauce	150	ml
Wine Vinegar	30	ml
Shallot	1	ea
Tarragon	1	g
Italian Parsley	1	g
Milk	30	ml
Salt & Pepper		
DATE		
Portion		
Cooking Time		
MEMO		
확인	(인)	

Method(조리방법)

라비고트 소스(Ravigote Sauce)

1. 타임, 로즈메리 줄기에서 부드러운 잎만 따서 다져준다.
2. 치킨 스톡에 화이트 루를 넣어 치킨 벨루테를 만들어 준비한다.
3. 벨루테 소스에 타라곤 에센스 넣고 소금, 후추로 간을 한다.
4. 다진 허브 넣어 라비고트 소스를 완성한다.

타라곤 에센스(Tarragon Sauce)

1. 샬롯을 슬라이스하고, 타라곤, 이태리 파슬리 줄기, 월계수 잎, 통후추, 레몬즙을 냄비에 담아준다.
2. 물 30ml, 화이트 와인 30ml, 와인식초 5ml, 넣고 1/2로 졸여준다.
3. 고운체에 걸러 마무리한다.

〈라비고트 소스(Ravigote Sauce) 정의〉

- 영어 Ravigote Sauce, 프랑스의 동사 ravigoter "기운을 내게 하는"에서 유래하였으며, 라비고트 소스는 알망드 소스에 백포도주를 넣고 파슬리, 실파를 넣어 만든 소스로 찬 소스와 더운 소스가 있다. 닭고기, 생선, 채소요리 등 다양한 요리에 이용된다. 차가운 소스는 식초를 기반으로 하고 더운 소스는 벨루테 소스를 기본으로 한다.

Standard Recipe Card

English Menu	Roast Duck Breast with Sweet Pumpkin Mousse in Bigarade Sauce
Korean Menu	단호박 무스를 곁들인 오리가슴살과 비가라드 소스

학번		학년/반		성 명	

Ingredient	Q'ty	Unit
Duck Breast	1	ea
Bigarade Sauce	60	ml
Broccoli	15	g
Brussels Sprout	1	ea
Potato	1	ea
Cherry Tomato	1	ea
Garlic	1	g
Fresh Cream	30	ml
Milk	30	ml
Egg Yolk	1	ea
Thyme	1	g
Rosemary	1	g
Orange Zest	2	g
Olive Oil	30	ml
Butter	15	g
Pepper	1	g
Salt	1	g

DATE	
Portion	
Cooking Time	
MEMO	
확인	(인)

Method(조리방법)

오리가슴살 마리네이드하기(Duck Breast Marinade)
1. 오리가슴살에 붙어 있는 힘줄 등을 제거해 준다.
2. 오리가슴살 껍질 쪽에 칼집을 내준다.
3. 손질한 오리가슴살에 올리브 오일 15ml, 타임, 로즈메리, 오렌지 제스트, 마늘, 통후추 으깬 것 넣어 마리네이드(Marinade)한다.

오리가슴살 굽기(Duck Breast Cooking)
1. 두꺼운 팬에 기름 넣지 말고 오리가슴살을 올려 천천히 구워준다.
2. 오리가슴살 껍질이 갈색으로 구워지면 뒤집어서 굽는다.
3. 버터 15g, 타임, 로즈메리, 통마늘 으깬 것 넣고 오리가슴살에 버터 뿌려가면서 굽는다(아로제).
4. 180도 오븐에 넣어 8분간 구워 꺼내서 실온에서 레스팅(Resting)한다.

단호박 무스(Sweet Pumpkin Mousse)
1. 단호박 껍질 벗겨 물에 소금 넣고 끓여준다.
2. 단호박이 익으면 고운체에 내려 꿀, 소금, 후추한다.
3. 농도는 잔탄검을 넣어 조절하고 버터몽테하여 완성한다.

더운 채소 준비하기(Hot Vegetable)
1. 브로콜리, 브뤼셀 스프라우트 끓는 물에 소금 넣고 살짝 삶아 버터에 볶아서 준비한다.
2. 방울토마토는 십자로 칼집 넣고 데쳐서 껍질을 제거한다.
3. 껍질 벗긴 방울토마토, 마늘, 올리브 오일, 타임, 소금, 후추해서 185도 오븐에서 8분간 구워준다.

접시에 담기(Plaiting)
1. 구운 오리가슴살 적당한 크기로 잘라 접시에 담는다.
2. 더치드 포테이토 담고, 구운 마늘, 토마토 예쁘게 담는다.
3. 브로콜리, 브뤼셀 스프라우트 올리고 오렌지 제스트, 타임, 로즈메리로 장식한다.
4. 비가라드 소스 올려 완성한다.

Standard Recipe Card

English Menu	Bigarade Sauce
Korean Menu	비가라드 소스

학번		학년/반		성 명	

Ingredient	Q'ty	Unit
Fresh Orange	1	ea
Orange Juice	150	ml
Brandy	5	ml
Sugar	15	g
Demi Galce Sauce	30	ml
Red Wine	45	ml
Salt	1	g

Method(조리방법)

비가라드 소스(Bigarade Sauce)

1. 오렌지 껍질을 칼로 얇게 잘라 가늘게 채(오렌지 제스트)를 썬다.
2. 오렌지 과육은 세그먼트(Segment)로 자르고 나머지는 주스로 짜서 준비한다.
3. 두꺼운 팬에 설탕 15g 넣고 카라멜화 반응이 나도록 165도가 되면 레드 와인 45ml 넣고 브랜디 15ml 넣어 조린 뒤 오렌지주스 넣는다.
4. 오렌지주스가 반으로 조려지면 오렌지 세그먼트, 오렌지 제스트(Orange Zest) 넣고 끓이다 데미 글라스 소스 넣는다.
5. 비가라드 소스가 농도가 나면 소금, 후추로 간해서 완성한다.

〈비가라드 소스(Bigarade Sauce)〉

- 프랑스 중부 지방에서 재배되는 설탕에 절인 비가라드는 니스(Nice)의 특산품으로 비가라드의 꽃은 오렌지 나무 꽃 향수를 만드는 데 사용된다. 비가라드란 큐라소(Curacao)를 만드는 오렌지로, 큐라소는 오렌지 리큐어로 오렌지 껍질만을 사용하여 만든다. 소스의 색은 오렌지 껍질색과 통 숙성에 의해 형성되며 이 소스는 새콤달콤한 게 특징이다. 프랑스 정통 브라운 소스로 오렌지 맛을 내고 오리와 함께 제공된다. 비가라드 소스는 브라운 스톡, 오렌지, 레몬주스, 오렌지 껍질, 큐라소(리큐어)를 넣어 만든 소스이다.

〈갈색 오리고기 육수 소스(Jus de Canard, Duck Meat Sauce)〉

- 오리고기와 뼈를 오븐에 갈색으로 구워 쇠고기 육수와 갈색 소고기 육수 소스를 넣어 은근히 졸여서 만든 소스로 주로 오리고기 소스나 캐러멜 소스 등에 첨가해서 사용한다.
- 아로제(Arroser); 적시다. 끼얹다. 오븐이나 로스터에 익히는 동안 재료에서 나오는 기름이나 육즙을 스푼으로 떠서 조금씩 끼얹어준다. 이 과정을 통해 음식의 표면이 건조해지는 것을 막아주고 속살까지 촉촉하고 부드럽게 익힐 수 있다.
- 레스팅(Resting); 고기 내부의 온도가 올라 50도에 이르면 단백질이 익기 시작하여 고기의 육질 사이로 빠져나온다. 육류가 그릴에 있는 동안 내부의 지방과 육즙은 열 때문에 높은 압력이 형성되면서 부풀어 팽창한다. 그 후 열에서 꺼내 상온에 두면 압력이 낮아져서 고기 내부가 안정화되면서 육즙이 섬유질 속으로 재흡수된다. 고기의 지방과 단백질이 다시 조금 굳어지며 좋은 질감으로 바뀌게 된다. 육질의 밀도가 향상된 고기는 매끄럽고 육질이 부드러워진다.

DATE	
Portion	
Cooking Time	
MEMO	
확인	(인)

Standard Recipe Card

English Menu			Cream of Sweet Pumpkin Soup in Egg Form		
Korean Menu			단호박 크림 수프		
학번			학년/반		성 명

Ingredient	Q'ty	Unit
Sweet Pumpkin	120	g
Chicken Bone	200	g
Onion	60	g
Carrot	30	g
Celery	30	g
Bay Leaves	2	pc.
Whole Pepper	10	ea
Butter	15	g
Flour	30	g
Fresh Cream	50	g
Egg White	1	ea
Thyme	1	g
Rosemary	1	g
Italian Parsley	2	g
Baguette	1	g
Cream Cheese	15	g
Salt	1	g
Pepper	1	g

DATE	
Portion	
Cooking Time	
MEMO	
확인	(인)

Method(조리방법)

Chicken Stock

1. 닭뼈를 찬물에 담가 핏물을 제거한다.

2. 양파 100g, 당근 50g, 셀러리 50g 주사위 모양으로 잘라 미르포아(Mire Poix)를 만든다.

3. 핏물을 제거한 닭뼈에 물을 붓고 삶아서 찬물에 담가 씻어낸다.

4. 찬물 1500ml를 붓고 불에 올려 미르포아 넣고 끓인다.

5. 타임과 로즈메리 넣고 월계수 잎, 통후추 넣어 끓여준다.

6. 스톡이 끓으면 기름과 불순물을 제거하고 1시간 정도 은근히 끓여준다.

7. 소창(Cheese Cloth)에 걸러 식혀서 사용한다.

단호박 크림 수프(Sweet Pumpkin Cream of Soup)

1. 단호박 껍질 벗겨 0.5cm 두께로 자르고 양파는 얇게 채 썰어 준비한다.

2. 두꺼운 팬에 버터 넣고 양파 넣어 볶다가 단호박 넣고 볶아준다.

3. 밀가루 5g 넣고 살짝 볶다가 치킨 스톡 400ml 넣고 월계수 잎 2장 넣고 은근히 끓여준다.

4. 단호박이 충분히 익으면 불에서 내려 믹서기에 곱게 갈아 체에 걸러 냄비에 넣고 생크림 넣어 맛과 농도를 조절하고 넛맥, 소금 넣어준다.

단호박 크림 수프 가니쉬 준비하기

1. 바게트빵 길게(15cm) 잘라 버터 발라 오븐에 구워 다시 버터 바르고 크림 치즈와 허브로 장식한다.

2. 달걀 흰자는 거품 내서 소금으로 간하고 끓는 물에 살짝 삶아서 준비한다.

접시에 담기(Plaiting)

1. 수프 볼에 단호박 담아준다.

2. 수프 위에 달걀 흰자 거품(Egg form) 올린다.

3. 수프 위에 준비한 바게트빵 올리고 넛맥, 통후추 으깨서 담아준다.

Standard Recipe Card

English Menu	Bearnaise Sauce		
Korean Menu	베어네이즈 소스		

학번		학년/반		성 명	

Ingredient	Q'ty	Unit
Butter	100	g
Egg Yolk	2	ea
Fresh Lemon	1/4	piece
White Wine	45	ml
Onion	30	g
Tarragon	2	g
Whole Pepper	10	ea
Italian Parsley	1	g
Vinegar	5	ml
Bay Leaf	1	g
Salt	1	g
Pepper	1	g

Method(조리방법)

정제 버터 만들기(Clarified Butter)

1. 버터를 볼에 담고 중탕에 올려준다.
2. 버터 수분을 증발시키고 유지방을 분리하여 걸러 만든다.

타라곤 에센스 만들기(Tarragon Essence)

1. 냄비에 양파 다진 것 15g, 물 45ml, 화이트 와인 45ml, 식초 5ml, 월계수 잎 1장, 통후추 10개, 타라곤 1g, 파슬리 줄기 1g, 레몬 1조각 넣고 끓여준다.
2. 고운체에 걸러서 사용한다.

베어네이즈 소스 만들기(Bearnaise Sauce)

1. 달걀 2개를 깨서 노른자와 흰자를 분리한디.
2. 달걀 노른자 2개를 믹싱볼에 넣어 준비한다.
3. 타라곤 에센스 넣고 중탕에 올려 저어서 80% 익혀준다.
4. 불에서 내려 도마 위에 행주를 깔고 위에 올려 정제 버터를 조금씩 넣어 유화시켜 준다. (분리되지 않도록 조금씩 넣어주세요.)
5. 타라곤 에센스를 넣은 달걀 노른자와 버터가 충분히 유화되면 레몬즙 넣고, 타라곤 에센스로 농도를 맞춘다.
6. 소금, 후추로 간하고 토마토 콩카세(Tomato Concasser)와 파슬리 찹(Parsley Chop)을 넣어 사용한다.

소스 가니쉬(Garnish)

1. 이탈리안 파슬리 잎 부분을 따서 다져 파슬리 찹(Chop)을 만든다.
2. 토마토는 끓는 물에 삶아 껍질 제거하고 콩카세(Concasser)한다.

〈베어네이즈 소스 유래〉

- 헨리 4세가 태어났던 특별한 지역을 상기시키지만 실제로는 베아른(현재 스위스)에서 유래하지 않았다. 베어네이즈 소스는 처음으로 파비엉 헨리 4세를 위하여 1830년 컬리네트(Collinet)라는 요리사가 생트 제르맹 앙리에서 만들었다.

DATE	
Portion	
Cooking Time	
MEMO	
확인	(인)

Standard Recipe Card

English Menu	Cream of Cauliflower Soup in Cheese Wafer		
Korean Menu	콜리플라워 크림 수프		
학번		학년/반	성 명

Ingredient	Q'ty	Unit
Cauliflower	150	g
Chicken Stock	400	ml
Onion	30	g
Bay Leaf	1	piece
Italian Parsley	1	g
Butter	300	g
Flour	15	g
Fresh Cream	300	ml
Almond Slice	15	g
Pepper	1	g
Salt	1	g

DATE	
Portion	
Cooking Time	
MEMO	
확인	(인)

Method(조리방법)

Chicken Stock

1. 닭뼈를 찬물에 담가 핏물을 제거한다.
2. 양파 100g, 당근 50g, 셀러리 50g 주사위 모양으로 잘라 미르포아(Mire Poix)를 만든다.
3. 핏물을 제거한 닭뼈에 물을 붓고 삶아서 찬물에 담가 씻어낸다.
4. 찬물 1500ml를 붓고 불에 올려 미르포아 넣고 끓인다.
5. 타임과 로즈메리 넣고 월계수 잎, 통후추 넣어 끓여준다.
6. 스톡이 끓으면 기름과 불순물을 제거하고 1시간 정도 은근히 끓여준다.
7. 소창(Cheese Cloth)에 걸러 식혀서 사용한다.

콜리플라워 크림 수프(Cauliflower Cream of Soup)

1. 양파를 얇게 채 썰고, 콜리플라워도 잘게 썰어 준비한다.
2. 두꺼운 냄비에 버터를 녹이고, 양파를 볶다가 콜리플라워를 넣고 충분히 볶는다.
3. 충분히 볶은 콜리플라워에 밀가루 15g 넣고 볶다가 치킨 스톡 400ml 넣고, 월계수 잎 1장 넣어 끓인다.
4. 수프를 믹서기에 넣고 곱게 갈아 체에 걸러준다.
5. 생크림 넣고 소금, 후추로 간해서 수프를 완성한다.

콜리플라워 크림 수프 가니쉬(Garnish) 준비하기

1. 아몬드 슬라이스 팬에 넣고 갈색으로 볶아준다.
2. 생크림을 거품기로 저어서 휘핑크림을 만든다.
3. 트러플 오일을 준비한다.

접시에 담기(Plaiting)

1. 수프 볼에 콜리플라워 수프 담아준다.
2. 수프 위에 휘핑크림 올리고 파슬리 올린다.
3. 볶은 아몬드 올리고 주위에 트러플 뿌려서 완성한다.

Standard Recipe Card

English Menu	Grilled Salmon and Basil Pesto with Bearnaise Sauce
Korean Menu	베어네이즈 소스를 곁들인 연어 스테이크

학번		학년/반		성 명	

Ingredient	Q'ty	Unit
Fresh Salmon	180	g
Bearnaise Sauce	60	ml
Polenta	50	g
Pine Nut	20	g
Dill	2	g
Balsamic Vinegar Essence	60	ml
Frisee	2	g
Broccoli	15	g
Red Sorrel	1	g
Tomato	30	g
Basil	60	g
Garlic	4	ea
Parmigiano Reggiano	10	g
Whole Pepper	10	ea
Fresh Lemon	1/4	ea
Pepper	1	g
Salt	some	

DATE	
Portion	
Cooking Time	
MEMO	
확인	(인)

Method(조리방법)

연어 염지하기(Fresh Salmon Marinade)
1. 생연어 깨끗이 손질하여 비늘을 제거하여 3장 뜨기 한 뒤 가시를 제거하고 180g으로 자른다.
2. 찬물 200ml, 소금 1/2TS, 월계수 잎 1장, 통후추 5개, 레몬즙 5ml, 딜 1g 넣고 염지를 한다.

폴렌타 케이크 만들기(Polenta Cake)
1. 양파와 마늘을 다져 두꺼운 냄비에 넣고 볶다가 폴렌타 가루 넣고 살짝 볶다가 폴렌타 가루의 6배 되는 치킨 스톡을 넣어준다.
2. 천천히 끓여 농도가 생기면 파르미지아노 레지아노 치즈 넣고 소금, 후추로 간을 해서 팬에 버터 바르고 골고루 펴서 식혀 모양틀로 잘라 사용한다.

연어 굽기(Salmon Cooking)
1. 염지 연어는 찬물에 씻어 물기를 제거하고 올리브 오일 바르고 딜, 오렌지 제스트 넣어 마리네이드한다.
2. 팬을 달구고 연어의 껍질 부분부터 바싹하게 굽는다.
3. 브랜디 넣어 플람베하고 딜, 마늘 으깬 것, 버터를 더해서 아로제한다.
4. 연어살이 부서지지 않도록 조심히 바질 페스토 발라 오븐에서 익힌다.

바질 페스토 만들기(Basil Pesto)
1. 바질은 깨끗이 씻어 물기를 제거하고, 잣은 팬에 볶아서 준비한다.
2. 믹서에 바질, 잣, 마늘, 올리브 오일, 팔마산 치즈 넣고 갈다가 소금, 후추로 간해서 바질 페스토를 만든다.

더운 채소 준비하기(Hot Vegetable)
1. 방울양배추 반으로 잘라 끓는 물에 삶아서 찬물에 식혀 버터로 볶는다.
2. 토마토 끓는 물에 넣고 삶아 껍질 벗겨 올리브 오일, 후추, 소금 해서 오븐 드라이 토마토 만든다.
3. 브로콜리 작은 크기로 잘라 끓는 물에 삶아서 찬물에 식혀 버터로 볶는다.

접시에 담기(Plaiting)
1. 폴렌타 케이크 구워 접시 가장자리에 담고 오븐 드라이 토마토, 방울양배추, 브로콜리 주위에 담는다.
2. 접시 중앙에 구운 연어 담고 주위에 베어네이즈 소스 뿌린다.
3. 신선한 바질 잎으로 장식한다.

Standard Recipe Card

English Menu	Clam Chowder Soup with Pane		
Korean Menu	클램 차우더 수프와 파네		
학번		학년/반	성 명

Ingredient	Q'ty	Unit
Hard Roll	1	ea
Clam	10	ea
Dill	1	g
Carrot	20	g
Celery	10	g
Pepper Whole	5	ea
Fresh Cream	30	ml
Milk	50	ml
Bay Leaf	1	piece
Fish Fillet	60	g
Potato	1	ea
White Wine	20	ml
Leek White	20	g
Onion	30	g
Fish Stock	200	ml
Flour	5	g
Butter	15	g
Fresh Lemon	1	piece
Salt	some	
Pepper	some	

DATE	
Portion	
Cooking Time	
MEMO	
확인	(인)

Method(조리방법)

조개 스톡(Clam Stock) 만들기
1. 조개는 찬물에 담가서 해감시킨다.
2. 당근, 양파, 셀러리(Mire Poix)는 주사위 모양으로 자른다.
3. 두꺼운 냄비에 조개 넣고 볶다가 화이트 와인 넣고 미르포아 넣는다.
4. 월계수잎 1장, 통후추 5개 넣고 10분간 끓여 고운체에 거른다.

하드롤(Hard Roll) 그릇 만들기
1. 하드롤 윗부분을 칼로 잘라 속을 파내서 준비한다.
2. 빵 속에 버터 넣고 오븐에서 5분간 구워준다.

차우더 수프(Chowder Soup) 만들기
1. 조개 스톡 만들고 조갯살을 준비한다.
2. 양파, 대파, 감자는 사각형 모양으로 자른다.
3. 팬에 버터 넣고 양파, 대파, 감자 넣어 볶다가 조개살, 생선살 넣고 밀가루 넣고 볶다가 화이트 와인 넣고 졸여, 조개 스톡 300ml 넣고 월계수 잎 넣고 끓인다.
4. 생크림과 우유 넣고 농도를 맞춘다.
5. 소금, 후추로 간을 맞추고 롤 바게트에 담고 조갯살과 딜로 장식한다.

〈차우더 수프(Chowder Soup)〉
• 농도가 진한 해산물 수프로 클램 차우더 수프는 프랑스 Chaudere A Caldron(슈더레 아 칼드론)에서 우유나 크림으로 만들고 맨해튼식은 토마토를 넣는다. 차우더 수프는 베이컨과 각종 해산물 등을 넣고 감자로 농도를 내기도 한다. 현재 미국의 대표적인 수프이다.

〈파네(Pane)〉
• 파네(Pane)는 이탈리어로 빵을 뜻한다. 프랑스 사람들은 바게트를 주로 먹고, 이탈리아 사람들은 토스카노(Toscano)라는 빵을 요리와 같이 곁들여 먹는다. '재료에 빵을 입히다'라는 뜻으로도 쓰인다.

Standard Recipe Card

English Menu	Gorgonzola Cheese Espuma		
Korean Menu	고르곤졸라 치즈 에스푸마		

학번		학년/반		성 명	

Ingredient	Q'ty	Unit
Gorgonzola Cheese	70	ml
Onion	30	g
Butter	15	g
Fresh Cream	50	ml
Milk	200	ml
Pepper	some	
Salt	some	

DATE	
Portion	
Cooking Time	
MEMO	
확인	(인)

Method(조리방법)

고르곤졸라 치즈 에스푸마(Gorgonzola Cheese Espuma) 만들기

1. 양파 곱게 다져서 준비한다.
2. 두꺼운 냄비에 버터 넣고 양파 살짝 볶다가 고르곤졸라 치즈 70g, 우유 200ml, 생크림 50ml 넣고 치즈가 녹을 때까지 끓여 소금, 후추로 맛을 내서 체에 거른다.
3. 사이펀에 넣어 뚜껑을 닫고 질소가스를 충전한다.
4. 냉장고에 3시간 이상 보관해서 사용한다.

〈사이펀기법(Siphon Technique)〉

- 거품기법의 일종으로 액체상태의 거품을 넣어 새로운 질감, 향, 맛을 첨가하는 방법 중 사이펀을 이용한 기법이다. 사이펀을 이용하여 질소가스 캡슐을 이용하여 거품을 발생시켜서 에스푸마(Espuma) 기법이라고도 한다. 에스푸마는 약간이 젤라틴이 함유된 물이나 액체 혼합물 등을 휘핑 사이펀에 넣어 짜낸 차갑거나 더운 거품이나 퓌레를 말한다. 사이펀에 향과 맛을 낸 혼합물을 채워 넣은 뒤 가스 캡슐을 장착하고 눌러 짜면 아주 가벼운 질감의 거품을 만들 수 있다. 1994년 스페인 엘 불리(El Bulli) 레스토랑의 파란 아드리아(Farran Adria) 셰프가 흰 강낭콩, 비트, 아몬드 퓌레와 디저트 타르트를 채우기 위한 거품을 만드는 데 처음 이 기법을 사용하였다.

〈고르곤졸라 치즈〉

- 이탈리아의 대표적인 푸른색 곰팡이치즈로 달콤하고 톡 쏘는 맛이 특징이다. 사랑에 빠진 한 청년이 여인에게 정신이 팔려 수분이 많은 커드 덩어리를 습기가 많은 숙성실에 두고 나왔는데 다음날 아침 치즈 덩어리와 함께 섞어서 치즈를 만들었다. 몇 주 후에 청록색의 곰팡이가 생겼는데 맛이 좋아 고르곤졸라 치즈가 탄생했다는 설이 있다.

Standard Recipe Card

English Menu	Stuffed Chicken Breast with Mushroom Duxelles in Gorgonzola Cheese Espuma
Korean Menu	고르곤졸라 치즈 에스푸마에 버섯 뒥셀을 채운 닭가슴살

학번		학년/반		성 명	

Ingredient	Q'ty	Unit
Chicken Breast	1	piece
Rosemary	1	g
Mushroom	50	g
Fresh Cream	45	ml
Onion	30	g
Garlic	2	ea
Pineapple	15	g
Apple	1/4	ea
Sugar	30	g
Coriander	1	g
Cinnamon Stick	15	g
Olive Oil	30	ml
Fresh Lemon	30	g
Red Onion	15	g
White Wine Vinegar	5	ml
Soft Flour	5	g
Butter	15	
Gorgonzola Cheese Espuma	30	g
Salt	some	
Pepper	some	

DATE	
Portion	
Cooking Time	

MEMO	
확인	(인)

Method(조리방법)

양송이 뒥셀(Mushroom Duxelles) 만들기
1. 양송이 깨끗이 씻어서 물기를 제거하고 작은 주사위 모양으로 자른다.
2. 양파, 마늘은 곱게 다진다.
3. 팬에 버터 넣고 마늘, 양파 넣고 볶다가 양송이 넣고 수분이 없어지도록 볶다가 밀가루 15g 넣고 살짝 볶는다.
4. 생크림 45ml 넣어 조리고 소금, 후추로 간을 한다.

사과 콩포트(Apple Comport) 만들기
1. 사과 껍질 벗겨 얇게 썬다.
2. 설탕 30g, 계피 1조각, 소금 1g, 물 200ml 넣고 은근히 끓여 사과 콩포트를 완성한다.

파인애플 살사(Pineapple Salsa) 만들기
1. 적양파, 파프리카, 양파, 파인애플 작은 주사위 모양으로 자른다.
2. 마늘 곱게 다지고 코리앤더 다져서 준비한다,
3. 믹싱볼에 다진 파인애플과 채소, 마늘 담고 올리브 오일 30ml, 레몬즙, 소금, 후추로 간을 하고 다진 코리앤더 넣어 완성한다.

닭가슴살(Chicken Breast Cooking) 만들기
1. 닭가슴살 힘줄과 지방을 제거하고 중간에 칼집을 넣어 올리브 오일 15ml, 로즈메리, 마늘, 소금, 후추해서 마리네이드한다.
2. 마리네이드한 닭가슴살에 버섯 뒥셀을 채워준다.
3. 두꺼운 팬에 올리브 오일 넣고 닭가슴살을 갈색으로 구워준다.
4. 165도 오븐에 넣어 9분간 굽는다.

접시 담기(Plaiting)
1. 구운 닭가슴살을 먹기 좋은 크기로 잘라 접시 중앙에 담는다.
2. 사과 콩포트를 닭가슴살 옆에 예쁘게 담는다.
3. 고르곤졸라 치즈 에스푸마를 사이펀으로 짜서 담는다.
4. 파인애플 살사(소스)를 담고 허브로 장식해서 완성한다.

Standard Recipe Card

English Menu	Salt Crust Beef Sirloin Steak with Whole Pepper Sauce
Korean Menu	소금으로 싸서 구운 등심과 페퍼 소스

학번		학년/반		성 명	

Ingredient	Q'ty	Unit
Beef Sirloin	120	g
Rock Salt	80	g
Spinach	40	g
Asparagus	1	ea
Baby Cabbage	1	ea
Cherry Tomato	1	ea
Whole Pepper Sauce	60	ml
Olive Oil	45	ml
Garlic	1	ea
Shallot	15	g
Black Ink	1	g
Flour	15	g
Rosemary	1	g
Thyme	1	g
Butter	30	g
Salt	some	
Pepper	some	

DATE	
Portion	
Cooking Time	

MEMO

확인	(인)

Method(조리방법)

등심 스테이크(Beef Sirloin Steak) 만들기
1. 채끝 등심의 힘줄과 기름을 제거한다.
2. 120g으로 두껍게 잘라 올리브 오일 15ml, 로즈메리 1줄기, 통후추 으깬 것 넣어 마리네이드(Marinade)한다.
3. 시금치 끓는 물에 소금 넣고 살짝 데쳐 찬물에 식혀 물기를 꼭 짠다.
4. 두꺼운 팬에 올리브 오일 넣고 센 불에 등심 넣고 갈색으로 굽는다.
5. 구운 등심은 데친 시금치로 싸서 소금 반죽으로 둥글게 싸서 200도 오븐에서 15분간 구워준다.
6. 고기가 구워지면 오븐에서 꺼내 소금 반죽을 잘라 접시를 만들어 올려준다.

소금 반죽하기(Salt Crust)
1. 달걀 노른자와 흰자를 분리하고 흰자는 거품기로 충분히 올려준다.
2. 흰자 거품을 소금에 넣이 빈죽을 한나.

더운 채소요리(Hot Vegetable) 만들기
1. 아스파라거스 껍질 벗겨 끓는 물에 데쳐 버터에 살짝 볶는다.
2. 작은 양배추 끓는 물에 소금 넣고 데쳐 버터에 볶는다.
3. 방울토마토 끓는 물에 삶아 껍질 제거하고 올리브 오일, 소금, 후추, 타임 넣고 180도 오븐에서 10분간 굽는다.
4. 마늘 꼭지 제거하고 올리브 오일, 소금, 후추, 타임 넣고 180도 오븐에서 10분간 구워 로스트 갈릭을 만든다.
5. 달걀 껍질은 오븐에 살짝 말려서 준비한다.

먹물 튀일(Black Ink Tuile) 만들기
1. 밀가루 1Ts, 먹물 1g, 올리브 오일 3Ts 넣고 거품기로 저어준다.
2. 물 8.5Ts 넣고 소금 넣어 섞어준다.
3. 팬에 얇게 펴서 구워 튀일(Tuile)을 만든다.

접시 담기(Plaiting)
1. 구운 달걀 껍데기 속에 더운 채소를 예쁘게 담아준다.
2. 구운 소금 반죽 위에 등심을 반으로 잘라 담고 허브로 장식한다.

Standard Recipe Card

English Menu			Whole Pepper Sauce		
Korean Menu			통후추 소스		
학번			학년/반		성 명

Ingredient	Q'ty	Unit
Whole Pepper	25~30	ea
Butter	20	g
Brandy	15	ml
Fresh Cream	30	ml
Demi-Glace	30	ml
Shallot	1/2	ea
Salt	some	

Method(조리방법)

통후추 소스(Whole Pepper Sauce) 만들기

1. 통후추 줄기를 제거하고 유리 볼에 담아 준비한다.
2. 샬롯 1/2은 곱게 다져서 준비한다.
3. 두꺼운 팬에 버터 넣고 다진 샬롯을 살짝 볶아준다.
4. 통후추를 넣고 볶다가 브랜디로 플랑베한다.
5. 플랑베한 후 생크림 30ml 넣고 반으로 조려지면 데미글라스 넣고 끓여 소금으로 간해서 완성한다.

〈후추(Pepper)〉

- 쌍떡잎식물로 특유의 향과 매운맛이 나며 인도가 주원산지이다. 옛날에는 검은 황금이라 불렸다. 많은 유럽인들이 약탈한 대표적인 향신료이다. 역사상 가장 많은 인간을 죽게 만든 식재료로 유럽인들에게는 금과 동등한 가치를 가진 귀한 향신료이다.

DATE	
Portion	
Cooking Time	
MEMO	
확인	(인)

Standard Recipe Card

English Menu	Grilled Rock of Lamb with Pistachio Crust & Lyonnaise Sauce
Korean Menu	피스타치오 크러스트를 곁들인 양갈비 구이와 리오네즈 소스

학번		학년/반		성 명	

Ingredient	Q'ty	Unit
Lamb Chop	200	g
Potato	1/2	ea
Pistachio	15	g
Bread Crumb	50	g
Tomato	1/4	ea
Mint Jelly	5	ml
Rosemary	1	g
Thyme	1	g
Carrot	50	g
Mushroom	40	g

Method(조리방법)

Ingredient	Q'ty	Unit
Dijon Mustard	10	g
Baby Cabbage	1	ea
Garlic	3	ea
Honey	15	ml
Cream Cheese	30	g
Italian Parsley	1	g
Olive Oil	45	ml
Sweet Potato	1	piece
Bacon	30	g
Butter	30	g
Salt	some	
Pepper	some	

Lamb Chop Marinade(양갈비 마리네이드하기)

1. 양갈비(프렌치랙) 준비해서 힘줄과 기름을 제거하고 모양을 잡아준다.
2. 올리브 오일과 로즈메리, 타임, 마늘, 으깬 후추 넣고 버무린다.

Pistachio Crust(피스타치오 크러스트) 만들기

1. 피스타치오는 껍질을 제거하고 파란 부분으로 준비한다.
2. 빵가루는 뜨거운 팬에 살짝 볶아준다.
3. 믹서기에 빵가루 50g, 마늘 1쪽, 이태리 파슬리 2쪽 넣고 갈아준다.
4. 마지막에 피스타치오 15g 넣고 같이 갈아 체에 내려서 준비한다.

Lamb Chop Cooking(고기 굽기)

1. 마리네이드(Marlnade)한 양갈비 허브를 털어내고 소금으로 간을 한다.
2. 두꺼운 팬에 올리브 오일 두르고 센 불에서 갈색으로 굽다가 으깬 마늘과 허브, 버터 넣고 아로제(arroser)해서 레스팅(Resting)한다.
3. 레스팅(Resting)한 양갈비에 꿀과 디종 머스터드를 바르고 피스타치오 크러스트 묻혀서 165도 오븐에서 8분간 구워준다.

더운 채소요리(Hot Vegetable) 만들기

1. 꼬마 양배추는 끓는 물에 삶아서 버터에 소금, 후추해서 살짝 볶아준다.
2. 토마토는 끓는 물에 껍질 벗겨 1/8로 잘라 올리브 오일 바르고 소금, 후추하고 타임, 마늘 슬라이스 올려 165도 오븐에서 12분간 굽는다.
3. 당근은 예쁘게 잘라 끓는 물에 삶아 설탕, 소금 넣어 윤기 나게 한다.
4. 마늘에 소금, 후추, 로즈메리해서 165도 오븐에서 10분간 구워준다.
5. 만가닥버섯은 버터 넣고 소금, 후추로 간한다.

Jacket Potato(자켓 포테이토)

1. 감자는 깨끗이 씻어 반으로 잘라 버터, 소금해서 165도 오븐에서 30분간 구워준다.
2. 구운 감자를 꺼내 속을 파서 크림치즈, 구운 베이컨 넣고 소금, 후추해서 다시 채워준다,
3. 위에 다진 베이컨 올리고 치즈 뿌려 135도 오븐에 10분간 구워 완성한다.

DATE	
Portion	
Cooking Time	

MEMO	
확인	(인)

Standard Recipe Card

English Menu	Lyonnaise Sauce				
Korean Menu	리오네즈 소스				
학번		학년/반		성명	

Ingredient	Q'ty	Unit
White Wine	50	ml
Onion	1/2	g
White wine Vinegar	5	ml
Shallot	1	ea
Demi-Glace	60	ml
Thyme	1	g
Rosemary	1	g
Whole Pepper	1	g
Bay Leaf	1	g
Butter	5	g
Salt	some	

Method(조리방법)

리오네즈 소스(Lyonnaise Sauce) 만들기

1. 양파, 샬롯 얇게 채 썰어 준비한다.
2. 두꺼운 팬에 버터 넣고 양파와 샬롯을 넣어 천천히 갈색으로 볶아준다.
3. 갈색으로 볶아지면 화이트 와인 넣고 반으로 조려 데미글라스 넣어준다.
4. 타임, 로즈메리, 월계수 잎, 통후추 넣고 10분간 끓여준다.
5. 화이트 와인식초 5ml 넣고 소금으로 간해서 완성한다.

〈리오네즈 소스(Lyonnaise Sauce)〉

- 전통 프랑스식 소스로 백포도주, 갈색으로 볶은 양파, 브라운 스톡 등을 넣어 만드는 소스로 프랑스 제2도시 리옹의 지명을 따서 붙여진 이름으로 일명 양파 소스로 불린다. 리옹에서는 양파가 많이 생산된다. 양파를 와인에 갈색이 날 때까지 조려 브라운 소스와 혼합하여 만든다.
- Lyonnaise (리오네즈): 리옹풍의~~~~

〈Lyonnaise Potato(리오네즈 포테이토)〉

- 감자의 껍질을 제거하고 반으로 잘라 각을 없앤 뒤 둥글게 만들어 약 0.3~0.4cm 두께로 썰어 중간 정도 삶아서 식힌다. 팬에 정제 버터 넣고 잘게 썬 베이컨을 볶다가 얇게 썬 양파를 볶은 후 색이 날 때까지 볶아 완성한다. 프랑스 리옹의 유명한 감자요리이다.

〈Lyonnaise Salad(리오네즈 샐러드)〉

- 프랑스 리옹 지방에서 유명한 샐러드로 전통적으로 프리세(Frisee), 에스카롤(네덜란드 상추), 루콜라 채소에 바삭한 베이컨, 반숙 달걀에 비네그레트 드레싱을 뿌려 만든다.

DATE	
Portion	
Cooking Time	
MEMO	
확인	(인)

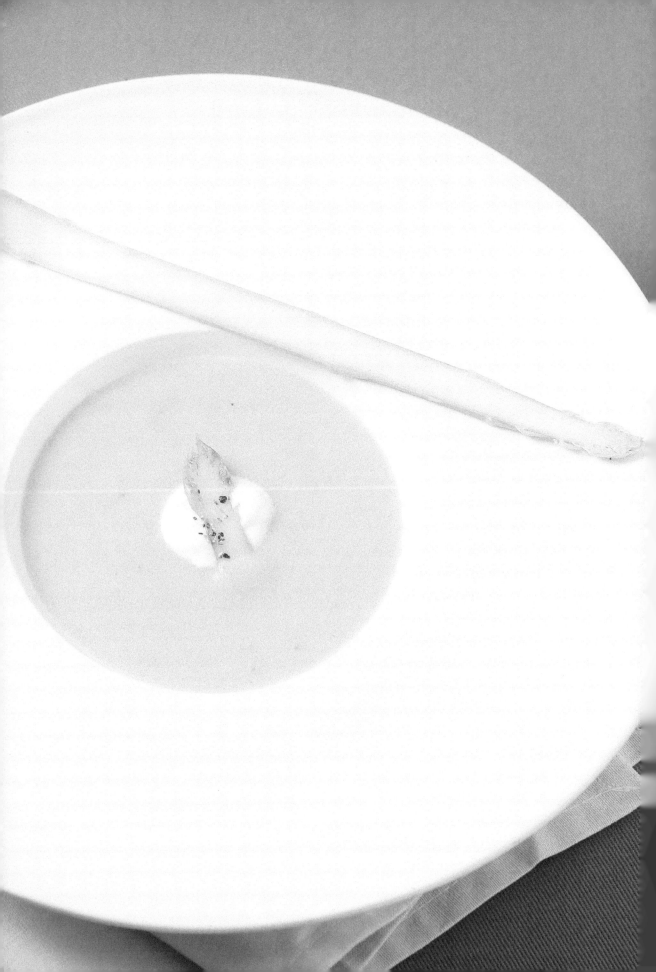

조리용어

Abaisser(아베세): 반죽을 정해진 두께까지 밀대로 고르게 민다.

Abatis(아베티): 가금(닭) 종류의 허드렛 고기(머리, 다리, 내장) 등

Agneau(아뇨): *Lamb.* 어린 양, 새끼 양고기, 도체 무게가 16~22kg 정도인 어린 양

Aigre(에그르) : *Sour.* 신, 시큼한, 신맛

Aiguille(애귀이여): 바늘, 침, 바늘로 닭을 꿰매 묶는다.

Ail(아이유): *Garlic.* 마늘

Aile(앨): *Wing.* 날개, 닭의 날개, 가금류의 옆구리 고기

Ailloli(아이올리): 마늘, 달걀 노른자, 올리브유, 잘게 다진 마늘에 올리브 기름을 부어서
만든 일종의 마요네즈

Ajouter(아쥬터): *Add.* 더하다, 첨가하다.

À la(알라): 전치사 a와 정관사(le, la)가 합쳐진 것, ~와 같은 식으로

Alcool(알콜): *Alcohol.* 알코올, 주정음료, 증류주, 단맛이 있는 발효주나 음료를 증류하
여 얻은 술

Allemand(알르망): 독일의, 독일사람

Allspice(올스파이스): 자메이카가 원산지인 상록수 열매로 건조하면 후추, 계피, 넛맥,
정향을 섞어놓은 향이 남. 영국인 식품학자 존 레이(John Ray)가 올스파이스라는 이
름을 붙임

Allumette(알뤼메트): 성냥개비 모양 0.3mm*0.3mm*6cm

Amande(아망드): *Almond.* 아몬드로 장미과에 속하는 아몬드 나무 열매

Ambassade(앙바사드): 프랑스어로 대사관

Americain(아메리캥): 아메리카의, 아메리카풍의

Amincir(아멩시르): 얇게 하다.

Amollir(아모리르): 연하게 하다. 부드럽게 하다.

An(앙): *Year, Age.* 년, 나이, 때

Anadara(아나다라): 피조개

Ananas(아나나): *Pineapple.* 파인애플

Anchoir(앙쇼와): *Anchovy.* 멸치 통조림, 앤초비

Andalouse(앙달루즈): 스페인 안달루사아풍의, 토마토, 붉은 고추와 소시지를 넣은 요리

Anglaise(앙글레즈): 영국의, 영국풍, 영국사람

Anguille(앙귀이여): *Eel.* 뱀장어

Anis(아니): *Anise.* 아니스 향신료의 일종, 미나리과에 속하는 방향성 식물

Anna(앙나): 사람 이름, 감자요리 용어, 안나(감자요리 종류)

A part(아빠르): 별도로, 따로, ~을 제외하고

Appareil(아빠레유): 도구, 혼합하여 놓은 요리 재료, 준비해 둔 여러 가지 재료들을 한데 합친 것

Appetissant(아뻬띠상): *Appetizer.* 식욕촉진 전채(오드블), 식전요리, 애피타이저

Après(아쁘레): ~의 후에, 그 후에, 위에, 나중에

Arabe(아라브): 아라비아풍의, 아랍의, 아라비아의

Arachide(아라쉬드): *Peanut.* 땅콩

Arte(아르떼): *Fish Bone.* 생선의 뼈

Arlésien(아를래지앵): 아를르(Aries: 프랑스 남부의 도시)의

Aromates(아르마테): *Aromatics.* 향료, 향신료, 방향성 물질

Aromatiser(아로마띠제): 향료를 넣다, 향을 내다.

Areanger(아랑제): 질서 있게, 정리·정돈하다.

Arroser(아로제): *Sprinkle, Basting.* 주입하다, 고기, 생선, 닭을 구울 때 숟가락을 사용하여 고기즙과 기름(Butter)을 끼얹어주는 것을 말한다.

Artichaut(알띠쇼): *Artichoke.* 아티초크, 지중해 연안이 원산지인 엉겅퀴과의 다년생 식물

Asperge(아스페르즈): *Asparagus.* 아스파라거스, 고급 채소로 아스파라긴산이 처음 발견된 채소

Aspic(아스픽): 고기즙으로 만든 젤리, 육즙으로 젤리와 같이 투명하게 만든 것

Assaisonnement(아세존망): 간을 하다, 소금, 후추로 간하다.

Aubergine(오베르진): *Eggplant.* 가지

Aujourd hui (오주러허이): 오늘, 오늘날, 요즈음

Automne(오톤): *Autumn.* 가을

Autre(오트르): 주위에, ~외에, 다른, 또 하나

Avant(아방): ~전에, ~안에, 먼저, 앞에

Avec(아벡): ~같이, ~연결, ~와 같이

Avocat(아보카): *Avocado.* 아보카도, 열대 과일의 일종

B

Bacon (바꽁): *Bacon.* 베이컨, 훈제 삼겹살

Baguette(바귀트): *Baguette.* 가늘고 긴 프랑스 빵

Bain-marie(뱅마리): *Double Pan.* 이중냄비, 중탕기, 중탕냄비

Banane(바난): *Banana.* 바나나

Banquet(방케): 연회, 향연, 축연

Bar(바르): *Bass.* 농어

Basilic(바지릭): *Basil.* 바질

Basque(바스뀌): 바스크풍, 바스크 사람

Bassine(바시느): *Pan.* 냄비, 팬

Bateau(바또): *Ship.* 배, 바다 위의 배

Bâton(바톤): *Stick.* 방망이

Batonnet(바토네): 작은 막대 모양으로 자른 것, 가늘게 만든 빵. 6mm*6mm*6cm 길게 썬 모양

Bearnaise(베어네이즈): 달걀 노른자와 정제 버터를 주원료로 향료와 백포도주를 넣어 만든 소스 이름

Beaucoup(보꾸): 많이, 다량의, 다수의, 아주 뛰어난

Béchamel(베샤멜): 사람 이름, 우유에 루를 넣고 만든 흰색 모체 소스

Beignet(베녜): 튀김 요리, 옷 입혀 튀기다.

Belier(벨리예): *Ram.* 거세하지 않은 숫양

Belle-meuniese(베르 무니에르): 생선 조리법의 일종

Beurre(뵈르): *Butter.* 버터

Bientôt(비아토): 잠시 있다가, 순식간에, 오래지 않아

Biere(비예르): *Beer.* 맥주

Bifteck(비후테크): *Beef Steak.* 비프스테이크

Billot(비요): 도마, 나무도마, 고기 등을 자르는 받침대

Bisque(비스큐): 갑각류나 조개류를 구워 만든 걸쭉한 크림 수프

Blanc(블랑): *White.* 흰, 흰색

Bleu(블뢰): *Blue.* 푸른, 청색, 하늘빛의

Blini (블리니): 메밀가루, 밀가루 반반씩을 맥주에 넣어 만든 얇은 팬케이크의 일종. 러시아산 캐비아 및 사워크림과 같이 먹는다.

Boeuf(뵈프): *Beef.* 소고기 또는 쇠고기 요리

Boisson(보아송): *Drank.* 음료, 주류, 술

Bolonaise(볼로네즈): 볼로냐, 볼로냐풍의

Bouche(부쉬): *Mouth.* 입, 구멍

Boucherèrc(부쉐레): *Butcher.* 생선과 고기를 담당하는 부처

Bouillabaisse(부야베스): 남프랑스의 생선요리, 샤프랑, 마늘, 셀러리, 토마토, 양파, 파 등을 넣어 만든 생선요리

Bouillon(부용): 채소 고기를 삶아서 만든 고깃국물

Boulette(불레트): *Meat-ball.* 작은 공, 미트볼

Bouquet(부케): 꽃다발, 다발, 묶음

Bouquet garni(부케가르니): 셀러리 줄기에 타임, 파슬리 줄기, 월계수 잎을 실로 묶어 만든 향초 다발

Bourgogne(부르고뉴): 중부 프랑스의 지명, 포도주의 산지

Bouteille(부테유): *Bottle.* 병, 술병, 포도주병

Braise(브레즈): *Braise.* 찌고, 끓이다. 졸이다.

Brasser(브라세): 휘저어 섞는다.

Brechet(브레쉐): 새의 가슴뼈

Breton(브러통): 브르타뉴풍, 각종 소스에 많이 사용됨

Breuvage(브레바즈): *Beverage.* 음료

Brider(브리데): 조리 중에 형태가 망가지지 않도록 닭이나 오리 등의 날개와 다리를 실로 꿰매 고정한다.

Brioche(브리오슈): 밀가루, 달걀, 버터를 원료로 한 과자의 일종

Brochette(브로쉬트): 꼬치구이, 요리 굽는 쇠꼬챙이

brocoli(브로콜리): 브로콜리

Brun(브룽): *Brown.* 갈색, 갈색의

Brunoise(브뤼누아즈): 채소나 음식 재료를 주사위꼴로 썬 모양, 3mm*3mm 정사각형

C

Cabillaud(까비오): *Cod.* 생대구, 생선의 일종

Cacao(카카오): *Cocoa.* 코코아

Cafe(까페): *Coffee.* 커피

Caille(까이여): *Quail.* 메추리

Caillebotte(까이여보트): *Curds.* 엉긴, 엉긴 우유 덩어리

Calmar(까르마르): 오징어의 일종

Camembert(까망베르): 파리의 서부에 닿아 있는 노르망디의 작은 마을. 냄새가 강한 치즈의 산지로 유명하다.

Canapé(까나페): *Open Sandwich.* 빵 조각을 모양내서 구워 버터를 발라 여러 가지 재료를 얹어 만든 요리

Canard(까나르): *Duck.* 집 오리

Cannelloni(까넬로니): 굵은 마카로니, 고기를 싼 둥근 파스타

Capre(까쁘르): *Caper.* 서양 풍접초과의 꽃봉오리(식초에 절임), 훈제연어에 같이 먹음

Caramel(까라멜): 캐러멜

Carassin(까라생): 붕어

Carotte(까로뜨): *Carrot.* 당근

Carte(까르뜨): *Card.* 엽서, 명함, 안내장, 초대장

Carvi(까르비): *Caraway Seed.* 캐러웨이 시드(향신료의 일종)

Casserole(까스로르): *Stew pan.* 손잡이 달린 작은 냄비, Sauce 냄비

Caviar(까비아르): *Caviar.* 캐비아, 철갑상어의 알

Celeri(셀러리): *Celery.* 셀러리

Cepe(세쁘): 식용버섯(표고)의 일종

Cerise(서리즈): *Cherry.* 서양 앵두, 버찌, 체리

Cervelle(세르벨): 요리용 동물의 골, 뇌

Chair(쉐르): *Meat.* 살코기, 근육 조직

Champagne(샹파뉴): 샴페인 술, 프랑스 동북부 마르네주의 지방명

Champignon(샹피뇽): *Mushroom.* 양송이

Charlotte(샤를로뜨): 여자의 이름, 과자의 일종

Chasseur(샤쉬르): *Hunter.* 사냥꾼

Chateaubriand(샤토브리앙): 프랑스의 귀족, 미식가, 안심의 중간 부분

Chaude(쇼드): *Hot.* 뜨거운, 더운

Chaudrée(쇼드레): 요리용 생선 냄비

Chaudron(쇼드롱): *Cauldron.* 냄비, 생선 수프

Chef(셰프): *Chief.* 요리장

Chevreau(슈브로): 새끼염소, 염소 가죽

Chicorée(쉬꼬레): *Endive.* 상추의 일종

Chiffonnade(쉬포나드): 가는 머리 모양으로 써는 것, 애피타이저 채소, 양상추 등 샐러드 수프의 장식으로 사용

Chine(쉰): 중국

Chocolat(쇼콜라): 초콜릿

Choron(쇼롱): 프랑스 사람 이름. 소스 베어네이즈 소스에 볶은 토마토 Paste를 넣은 소스

Chou(슈): *Cabbage.* 양배추

Choucroute(슈끄루뜨): 양배추를 산미가 나게 소금으로 절여 익힌 것

Ciboulette(시부레뜨): 실파, 식용 실파

Citron(시띠롱): *Lemon.* 레몬

Citronner(시뜨로네): 양송이나 아티초크를 조리하는 중 공기에 닿아 색깔이 검어지지 않도록 레몬즙으로 문지르거나 넣는 것

Clairet(끄레레): 포르투갈의 적포도주

Clarifier(끄라리훼): *Clarify.* 액체를 맑게 하다. 제거하다. Consomme GALLE 등 달걀 흰자를 사용하여 맑게 하는 것과 버터를 녹여 거품이나 밑에 가라앉은 불순물을 제거하는 것

Clavaire(끄라베르): 싸리버섯. 담자균류 버섯

Clayon(끄레영): 치즈를 거르는 작은 체

Cochonnet(꼬쇼네): *Young Pig.* 새끼돼지

Cocotte(꼬꼬뜨): *Stew Pan.* 두꺼운 냄비, 알루미늄 냄비. 스튜 냄비의 일종

Cognac(꼬냑): 서남프랑스 도로 이름, 브랜디

Colin(콜랭): 대구

Combien(꽁비앙): 어느 정도, 얼마나 많이, 몇 사람이

Commander(꼬망데): *Order.* 주문하다.

Commencer(꼬망세): 시작하다, 착수하다.

Complet(꽁쁘레): 완전한, 완성된

Compote(콩포트): 스튜의 일종, 과일에 설탕 조림

Concasser(콩카세): 사방 5mm 정도로 써는 것, 토마토 콩카세

Concenter(꽁상뜨레): 농축시킨, 끓여서 졸인

Concombre(꽁꽁브르): *Cucumber.* 오이

Condiment(꽁디망): *Spice.* 양념, 조미료, 레몬, 오렌지 껍질

Confire(꽁피르): *Pickle.* 담그다. 채소를 식초에 담그다, 과일을 설탕에 절이다.

Confit(꽁피): 고기를 기름 넣고 끓여서 저장하다.

Congelation(꽁제라셩): 냉동, 빙결, 응고

Consomme(콩소메): 맑은 고깃국물 수프

Contre(꽁띠르): ～에 반대하여, ～에 반하여

Coq(콕): *Cock.* 수탉

Coque(콕): *Cock, Rooster.* 수탉, 꿩 따위의 수컷

Coquillage(꼬뀌야즈): *Clam.* 조개

Coquille(꼬뀌여): *Shell.* 껍질, 조개껍데기, 조개껍데기를 이용하여 만드는 각종 요리, 그라탱 등

Cordon bleu(꼬르동블뢰): 명요리사, 여자 요리장. 얇게 두들긴 송아지 고기에 햄, 치즈를 넣고 싸서 빵가루를 묻혀 튀기는 요리

Coriandre(꼬리앙드르): *Coriander.* 코리앤더, 고수

Cottage(꼬따주): 작은 집. 코티지 치즈. 우유에 식초와 레몬을 넣어 만든 치즈의 일종

Coucher(꾸쉐): 냄비 바닥에 재료를 놓다, 줄을 세우다, 자리에 눕힌다.

Couleur(꾸뤠르): 색, 색깔. 빛깔

Coupe(꾸쁘): 자른다. 베다. 잔. 술잔. 잔에 든 음료

Courge(꾸르즈): *Pumpkin.* 호박

Court-Bouillon(쿠르부용): 백포도주와 식초, 향료, 채소를 넣어 만든 생선요리에 사용하는 부용

Couscous(꾸스꾸스): 듀럼과 같은 단단한 밀을 쪄서 만든 식품

Couteau(꾸또): *Knife.* 칼, 식칼, 나이프

Couvecle(꾸베르끄르): *Cover.* 뚜껑, 덮개

Crabe(크라브): *Crab.* 게

Crecy(크레시): 파리의 동북방에 인접해 있는 당근의 생산지

Creme(크렘): *Cream.* 샘크림, 유지

Crepe(크레쁘): *Pancake.* 팬에 얇고 납작하게 부친 프랑스 빵의 일종

Crevette(크레베뜨): *Shrimp.* 작은 새우

Croissant(크루아상): *Crescent.* 초승달 모양의 프랑스 빵

Croque-monsieur(크로크 무슈): 햄과 치즈를 넣어 만든 샌드위치의 일종

Croquette(크로께뜨): 감자를 으깨서 달걀 노른자, 버터, 다진 베이컨 등을 넣어 만든 고로케

Croutons(크루통): 주사위 모양으로 작게 잘라서 오븐에 구운 빵조각

Cru(크뤼): *Raw.* 날것의, 생것의

Crudite(크뤼디떼): *Raw Vegetable.* 생채소

Crustaces(크뤼스따세): 껍질이 있는 갑각류(게, 새우, 가재)

Cuisine(퀴진): *Kitchen.* 요리, 조리, 부엌

Cuisseau(뀌이소): *Leg.* 송아지의 넓적다리 고기

Cuit(뀌이): 삶는다. 끓이다.

Cumin(뀌맹): *Caraway seed.* 미나리과의 풀과 씨, 커민 향신료

D

Danoise(다노와즈): 덴마크의

Dans(당): ～에서, ～의 안에서, ～의 가운데, ～의 속에서, ～후에

Darne(다르느): 생선 잘라 놓은 토막, 2~3cm 두께로 자른 생선

Dauber(도베): *Braise.* 쇠고기 찜을 하다, 스튜로 만들다.

Dauphin(도팽): 구왕조 시대 프랑스 태자의 칭호, 치즈의 일종

De(더): ～에서, ～부터, ～을, ～에, ～하며 있고

Debrider(데브리데): 단으로 묶은 실을 풀다. 닭이나 메추리, 오리 등 날짐승의 요리 후 묶은 실을 풀다. 굴레를 벗기다.

Decanter(데캉떼): 녹은 버터의 거품이나 가라앉은 찌꺼기를 제거하는 것

Decoration(데코라시옹): *Decoration.* 장식물, 휘장, 훈장

Dedans(더당): 안에, 속에, ～안으로부터

Defourner(데후르네): 오븐에서 꺼낸다. 가마에서 꺼낸다.

Deglacer(데글라세): 고기나 채소를 볶은 후 바닥에 눌어 있는 것을 술이나 육수를 이용해 끓이면 소스가 얻어진다.

Demi(데미): *Half.* 반의, 1/2의

Demi-glace(데미글라스): 브라운 소스의 모체 소스

Depart(데빠르): *Start.* 출발, 최초, 시작

Depecer(데삐세): 잘게 자른다. 나눈다. 해체하다.

Depecher(데뻬쉐): 서두른다. 빨리 해치운다.

Des(데): ～부터, ～하자마자 바로

Desosser(데죠세): 뼈를 발라내다.

Dessaler(데사레): *Unsalt.* 소금기를 뺀다.

Desserte(데세르뜨): 남은 음식, 익힌 고기, 닭, 생선 등을 시중들고 남은 것을 보관했다가 다른 곳에 사용

Dessus(데쉬): ~위에, ~위쪽으로

Detremper(데뜨랑뻬): 물을 섞어 넣는다. 물에 녹이다.

Deux(되): *Two.* 둘의

Devant(데방): ~앞에, ~앞에서

Developper(데브로뻬): 편다. 펼친다.

Diable(다야블): *Devil.* 찜, 냄비의 일종, 악마

Digestif(디제스띠프): *Digestive.* 식후에 마시는 술, 촉진주, 소화 촉진의

Dijon(디종): 프랑스 중부 부르고뉴의 수도

Dindon(댕동): *Turkey-cock.* 수칠면조, 암컷은 Dinde

Diner(디너): *Dine.* 저녁 식사

Diviser(디비제): *Divide.* 나누다. 구분하다.

Dome(도므): *Dome.* 둥근 뚜껑, 둥근 기둥, 둥근 기둥형

Dorage(도라즈): 달걀 노른자를 입히기, (고기, 생선 등) 노르스름하게 익히기

Dos(도): *Back.* 등, 뒷면

Double(두브르): 2배의, 2중의, 중복의

Doucement(두스망): *Slowly.* 부드럽게, 기분 좋게, 조용히, 천천히

Douille(두이여): 도구 꽂는 통, 구멍, 칼집

Dressage(드레사즈): 접시에 담다, 조립하다, 세운다.

Duroc(뒤록): 나폴레옹 1세 때의 프랑스 장군 이름, 뒤록 장군

E

Ebarber(에바르배): 잘라버린다. 다듬는다. 불필요한 부분을 제거하다. 가위 혹은 칼로 생선의 지느러미를 자르는 것, 조리 후 생선의 가시 제거

Ebouillanter(에부이앙떼): 뜨거운 물에 담근다. 뜨거운 물을 붓다.

Ebullitionner(에뷔리쇼네): *Boil.* 끓이다.

Ecailler(에까이예): 생선의 비늘을 벗기다, 조개나 굴의 껍데기를 깐다.

Ecaler(에까래): *Shell.* 껍질을 벗기다, 삶은 달걀 따위

Echalote(에샤로뜨): *Shallot.* 샬롯. 양파와 마늘 두 가지 맛을 가지고 있음

Echander(에쇼데): *Scald.* 끓는 물에 삶는다.

Ecrevisse(에크러비스): *Crayfish.* 가재

Ecume(에뀜): *Foam.* 거품

Ecumer(에뀌매): *Skim foam.* 거품을 걷어내다.

Ecumoire(에뀌모와르): *Skimmer.* 거품을 걷어내는 국자

Edulcorant(에뒬꼬랑): *Sweeting.* 달게 하는, 감미료

Eglefin(에그러팽): *Haddock.* 북대서양산 대구의 일종. 해덕

Egoutter(에구떼): *Dry, Drain.* 물기를 없애다. 말리다.

Egruger(에그뤼재): *Pound.* 가루를 만들다. 빻다, 갈다.

Element(에레망): (구성) 요소, 재료, 성분

Elysee(에리제): 극락정토, 낙원, 엘리제궁, 프랑스 대통령 관저

Emincer(에멩세): (고기, 채소)를 얇게 썰다.

En(앙): ～에, ～에서, ～안에서, 그것부터, 그것에서

Encore(앙꼬르): 제청, 한 번 더, 여전히, 그 위에

Enfariner(앙파리네): *Flour.* 밀가루를 뿌리다.

Enrober(앙로베): *Wrap.* 소스 등을 씌운다. 싸다. 옷을 입힌다.

Ensuite(앙쉬이뜨): *After.* 그리고 나서, 다음에, 곧이어서

Entier(앙띠에): 전체의, 전부의, 완전한

Entrecote(앙뜨러꼬뜨): 갈비뼈 사이의 쇠고기, 등심

Entrelarder(앙뜨러다르데): *Lard.* 비계를 넣는다. 삽입하다.

Entremeler(앙뜨러메레): 섞어 넣다. 혼합하다. 삽입하다.

Epaissir(에빼시르): *Thick.* 두껍게(짙게, 조밀하게) 하다.

Epaule(에뽀러): *Shoulder.* 어깨, 어깨 고기

Eperlan(에페를랑): 바다빙어의 일종, 에페를랑

Epice(에삐스): *Spice.* 향신료, 양념, 향신료

Epinard(에삐나르): *Spinach.* 시금치

Eplucher(에쁘뤼쉐): 껍질을 벗기다. 불필요한 부분을 제거하다.

Escabeche(에스카베슈): 절인 채소 고기 생선 또는 곡물로 구성된 조미료

Escargot(에스까르고): *Snail.* 달팽이

Espagnol(에스빠뇰): *Espargnol.* 스페인의, 스페인풍의, 소스에스파뇰

Estragon(에스뜨라공): *Tarragon.* 타라곤, 향신료의 일종

Etaminer(에따미네): *Strain.* 면포나 체에 거른다.

Etouffade(에뚜파드): *Stew.* 오래 끓여 익힌다. 스튜

Evaporer(에바뽀레): 증발시키다. 발산시키다.

Evider(에비데): 속을 파낸다.

Exprimer(엑스쁘리메): *Squeeze.* 과즙을 짜다. 짜낸다.

Extra(엑스뜨라): 특제 요리, 특별한 요리, 각별한 요리

F

Fade(화드): 맛 없는, 무미한, 역겨운, 싱거운

Faire(훼르): 만들다. 제작하다.

Faisan(휘장): *Pheasant.* 꿩, 장끼, 까투리(=coq faisan, poule faisane)

Faisandage(휘장다즈): 사냥한 고기의 숙성(일정 기간 재워 맛 들이기)

Fait(훼): 만들어진, 끝난

Fait-tout(훼뚜): *General Pan.* 만능 냄비

Farce(화르스): *Stuffing.* 고기, 채소 등을 속에 채워 넣은 요리

Farci(화르시): 닭, 생선, 채소에 다진 고기 등을 속을 채운 것

Farine(화리느): *Flour.* 밀가루

Farigoule(화리굴): *Thyme.* 타임, 백리향

Faseole(화제올): 강낭콩

Fecule(훼퀼): 녹말, 전

Fenouil(훼누이): *Fennel.* 회향(미나리과에 속하는 다년생 식물), 펜넬

Ferment(훼르망): 발효를 일으키는 미생물, 효소, 효모

Ficeler(휘스레): *Pack up.* 감다, 동여매다, 고기 따위를 끈으로 묶다.

Ficelle(휘셀): *String, Thread Twin.* 끈, 가는 줄

Figer(휘제): *Congeal.* 굳은, 응고된

Figue(휘그): *Fig.* 무화과

Filet(휘레): *Fillet.* 안심, 생선 살

Flageolet(프라조레): *Kidney Bean.* 강낭콩의 일종

Flamber(플랑베): 재료의 털을 없애고, 나쁜 냄새를 제거하기 위해 꼬냑이나 리큐르를
넣고 불을 붙이다.

Flanchet(후랑쉐): *Flank.* 소의 옆구리 고기

Fleur(플뢰르): *Flower.* 꽃, 화초, 꽃장식, 꽃무늬

Fleuron(플뢰롱): 작은 꽃, 꽃 모양으로 찍어 노른자를 발라 구워 생선요리의 장식에 사용

Flocon(플로콩): *Flake.* 조각, 솜털 모양의 침전물, 송이, 덩이

Foie(푸아): *Liver.* 간, 간장

Foncer(퐁세): 바닥에 돼지비계, 돼지껍질, 양념 재료, 반죽 등을 깔아주는 작업

Fond(퐁): 기초, 기본, 주제, 본제

Fondant(퐁당): 설탕과 물을 섞어 걸쭉하게 만든 것, 퐁당 감자

Fondre(퐁드르): *Melt.* 녹이다, 용해하다, 액체로 만들다.

Fondu(퐁뒤): *Melted.* 녹은 치즈에 버터, 향료 따위를 섞어 불에 녹여 빵에 발라 먹는 알
프스 지방 요리

Fouet(훼): *Whip, Whisk.* 거품기

Fouler(풀레): 눌러 으깨다, 부수다, 체로 거르다.

Four(후르): *Oven.* 오븐, 빵이나 요리하는 가마

Fourchette(후루쉐뜨): *Fork.* 포크, 고기를 찍는 포크

Foyer(후아예): *Fire-place.* 아궁이, 화구, 화로, 난로

Fourneau(후르노): 화덕, 레인지, 장작 숯, 석탄, 중유, 가스, 전기로 열을 발생시켜 음식
을 익히는 기구

Fraiche(후레쉬): *Fresh.* 찬, 신선한, 시원한, 생기 있는

Fraise(후레즈): *Strawberry.* 딸기

Frapper(후라뻬): *Ice, Chill.* 차가운, 얼음에 잘 식혀진

Fremir(프레미르): *Simmer.* 천천히 끓이다. 거품 나게 끓이다.

Fricassee(프리까세): *Fricassee.* 잘게 썬 닭고기, 송아지 고기를 흰 소스로 약한 불에 오래
   끓여 익히는 스튜의 일종

Friture(프리뛰르): *Frying, Fry.* 튀김

Fromage(프로마주): *Cheese.* 치즈

Fromageon(프로마종): 양젖으로 만든 프랑스 남부산의 크림치즈

Fruit(후뤼이): 과일, 과일 열매

Fume(휘메): *Smoke.* 훈제의

G

Gacher(가쉐): 이기다. 반죽하다.

Gala(가라): 축제, 의식, 리셉션, 특별 공연

Galantine(갈랑틴): 육류나 어류를 고기 살만 삶아서 차게 굳힌 음식

Galimafree(가리마후레): 잡탕, 스튜, 맛없는 음식

Garniture(가르니뛰르): 장식, 음식의 외형을 멋지게 하려고 음식에 곁들이는 것

Gaspacho(가스파쵸): 토마토, 피망을 주재료로 만든 스페인식 차가운 수프

Gateau(가또): *Cake.* 과자, 케이크

Gelatine(제라띤): *Gelatin.* 젤라틴

Gelee(즐레이): *Jelly.* 젤리

Geler(즐레): *Freeze.* 얼리다. 결빙시키다.

Gibier(지비예): 야생의 새나 짐승, 사냥거리, 사냥감

Gigot(지고): 양의 넓적다리

Gingembre(쟁장브르): *Ginger.* 생강

Ginseng(진생): 인삼

Glace(글라스): 얼음, 빙판, 아이스크림 얼음, 보통 아이스크림

Glacer(글라세): 얼리다, 냉동시키다. 윤기를 내다. 당근 등의 윤기를 내는 것

Glaire(글레르): 달걀의 흰자

Gnocchi(뇨끼): (이태리어) 감자 퓌레, 밀가루, 달걀, 팔마산 치즈를 넣고 만들어 뜨거운
   물에 익혀 크림 소스로 맛낸 요리

Gonfler(공플레): 부풀리다. 팽창시키다.

Goulasch(굴라쉬): 헝가리식 쇠고기 스튜

Gourmand(고르망): 미식의, 미식을 즐기는, 미식가

Gourmet(구르메): 포도주 감정가, 미식가

Gouter(구떼): 맛을 음미하다. 맛을 보다.

Goutte(구뜨): 방울, 물방울

Graisser(그래세): 기름을 치다. 기름을 묻힌다.

Grand(그랑): 큰, 긴, 높은, 커다란

Gratin(그라탱): 오븐에 구운 음식, 치즈나 소스를 위에 얹어 살라만다에서 색을 낸다.

Grecque(그렉): 그리스의

Grele(그랠): 가느다란, 호리호리한

Grenouille(그러누이여): 개구리

Gril(그리): *Grill.* 석쇠, 쇠망

Grillage(그리야즈): 격자, 철망, 석쇠, 석쇠로 굽기

Griller(그리예): *Grilled.* (석쇠에) 구운

Gruyere(그뤼에르): 스위스산 치즈, 치즈 생산지로 유명

H

Hache(아쉐): *Hash.* 잘게 썬, 다진

Haliotide(알요띠드): 전복

Hamburg(앙브르): 함부르크

Hanche(앙쉬): 허리, 볼기 부위, 엉덩이

Hareng(아랑): *Herring.* 청어

Haricot(아리꼬): *Kidney Bean.* 강낭콩

Haut(오): *High.* 높이, 높은, 깊은

Heure(외르): 한 시간, 시간

Hollandaise(오랑데즈): 네덜란드의 달걀 노른자, 버터로 만든 소스, 유지 소스, 모체 소스

Homard(오마르): *Lobster.* 바닷가재의 일종

Hongroise(옹그라즈): 헝가리의, 헝가리풍의

Hors-d'oeuver(오르되브르): *Appetizer.* 전채

Huile(윌): *Oil.* 기름, 오일, 식용유

Huitre(위뜨르): *Oyster.* 굴, 생굴

I

Imbiber(앵비베): 물에 담근다. 스며들게 하다.

Imitation(이미따숑): *Imitation.* 모방, 모조, 흉내, 모조품

Imperator(앵뻬라또르): 황제, 개선장군, 최고 지배자

Imperatrice(앵뻬라뜨리스): 황후

Incolore(앵꼬로르): 색깔 없는, 무색의, 빛깔이 없는

Inde(앵드): *India.* 인도

Indien(앵디양): 인도의, 인도풍의

Italien(이따리양): 이탈리아의, 이탈리아풍의

J

Jambe(장브): *Leg.* 동물의 정강이, 다리

Jambon(장봉): *Ham.* 햄, 돼지의 뒷다릿살

Jambonneau(장봉노): 돼지 다리로 만든 작은 햄, 돼지 다리 고기

Japonaise(자보네즈): 일본의, 일본풍의

Jaune(조너): *Yellow.* 노란, 황색의

Joindre(조앵드르): 합치다, 붙이다.

Joli(조리): *Pretty.* 예쁜, 귀여운, 깨끗한

Jour(주르): *Day.* 날, 하루

Julienne(쥘리엔): 채소를 가늘고 길게 써는 방법, 과즙

Jusqua(쥐스꽈): 길게 썰다, 0.3cm*0.3cm*6cm 크기로 자르다.

Jus(쥐): *Juice.* 즙, ~까지, ~만큼

Juter(쥐떼): 즙을 내다, 고기를 익혀 육즙을 추출하다.

K

Kebab(깨바브): *Kebob.* 양고기를 잘라 꼬챙이에 꿰어서 석쇠에 구운 요리, 터키의 대표적 요리

Kirsch(끼르쉬): 버찌 술

Kola(꼬라): 콜라나무, 콜라의 열매

L

Lactaire(락떼르): 버섯의 일종(뜯으면 우윳빛 즙이 나옴), 우유 버섯

Laisser(래새): 그대로 놓아둔다. 남겨둔다.

Lait(레): *Milk.* 우유

Laitue(레뛰): *Lettuce.* 상추, 상추 샐러드

Langouste(랑구스뜨): *Crawfish.* 대하, 갑각류 중 큰 새우의 일종인 왕새우

Langue(랑그): *Tongue.* 혀, 소의 혀

Lapin(라뺑): *Rabbit.* 산토끼

Lard(라드): *Bacon.* 베이컨, 비계

Larder(라르데): *Larding.* 고기에 기름 살을 넣어 부드럽게 만든다.

Lasagnes(라자너): 밀가루 시금치를 이용해 만든 이탈리아 요리의 라자냐

Lauries(로리에): *Bay leaf.* 월계수 잎

Legume(레귐): *Vegetable.* 채소

Liaison(리에종): *Thickening.* 연결, 결합, 연관

Liee(리에): *Found.* 묶인 관계가 깊은, 묶인, 얽매인

Lime(림): *File.* 줄(연장) 칼 가는 스틸

Limpide(랭삐드): *Clean.* 맑은 투명한

Liquide(리뀌드): 액체의, 유동성의, 수분

Loche(로쉬): *Loach.* 미꾸라지

Longe(롱즈): *Loin.* 등심

Longueur(롱괴르): 긴, 길이가 있는

Louche(루쉬): *Ladle.* 국자, 삽, 부삽

Loup de mer(루드메): *Bass.* 농어

Macaroni(마까로니): 마카로니

Macedoine(마세드완): 과일을 주사위 모양으로 썰어 과일 샐러드에 이용하는 것 1~1.5cm

Maceration(마세라숑): 식품을 담가서 연해지고, 풍미가 많이 나게 하는 것

Machine(마쉰): 기계, 기계장치

Macis(마시): 육두구 껍질, 메이스, 육두구 나무의 씨껍질을 이용한 향신료

Macreuse(마크뢰즈): 소의 견골 위. 지방 없는 살코기, 부채덮개살

Madame(마담): 부인, 마누라, 마님, 아주머니

Mais(메): *Corn.* 옥수수

Maison(메종): 집. 가옥

Maitre(메트르): 주인, 우두머리, 지배자, 대가

Male(마르): *Male.* 남자, 남성

Mandarine(망다린): 밀감

Mandoline(망도리느): 얇게 썰고 자르는 도구, 와플 감자 만드는 기구

Manger(망제): *Eat.* 먹다, 음식, 식사, 소비하다.

Manioc(마뇩): 남미에서 관목 뿌리에서 전분을 채취해서 타피오카를 만드는 식물

Manon(마농): 아베프레보사제의 소설 주인공

　　샐러드 마농 = 양상추, 레몬즙, 후추, 식초, 드레싱으로 무쳐 자몽을 옆에다 놓아준다.

Marinade(마리나드): 재료(고기나 생선)를 담그는 즙. 여러 가지 향료, 식초, 술, 기름 등
　　으로 절이다. 담근다.

Marinee(마리네): 마리네이드, 즙으로 담근다. 소금에 절이다.

Marseille(마르세이여): 지중해의, 프랑스 최대의

Meles(메리): *Mix.* 섞는다. 혼합하다.

Melon(머롱): 멜론. Melon = 수박

Meme(맴): *Same.* 똑같은

Menthe(망뜨): *Mint.* 박하, 상업항구

Materiel(마떼리엘): *Material.* 재료, 자료

Mayonnaise(마요네즈): 달걀, 오일, 식초, 소금, 후추, 겨자 등으로 만드는 찬 소스

Melange(메랑즈): 혼합, 섞기, 혼합물

Menu(머뉘): 메뉴, 작은, 가느다란

Mer(메르): *Sea.* 바다, 해양

Mesure(머쥐러): *Measure.* 측량, 측정, 계량

Mets(메): *Dish.* 접시에 담은 요리

Mettre(메뜨르): *Put.* 놓다, 넣다, 옮기다.

Meuniere(뫼니에르): 버터를 넣고 굽다. 생선에 밀가루를 발라 버터로 굽다.

Mexicain(멕시깽): 멕시코의, 멕시코풍

Mignonnette(미뇨네뜨): 후추를 잘게 부수다. 자그맣고 귀여운

Mijoter(미조떼): 약한 불로 오래 끓이다. 정성들여 만들다.

Milanaise(미라네즈): 이탈리아 도시의, 밀라노의, 밀라노풍의

Milieu(밀웨): 한가운데, 가운데, 중간

Mille(밀): 수많은, 무수의, 천의

Millefeuille(밀푀유): 밀푀유, 천 개의 잎사귀란 뜻으로 켜켜이 다양한 필링을 채워 만든 페스트리의 일종

Millet(밀리에): 조, 좁쌀

Mimosa(미모사): 잠자는 풀의 일종, 함수초, 샐러드 미모사

Mince(맹스): 얇은, 가느다란, 날씬한, 비약한

Minestrone(미네스트로네): 밀라노풍의 채소 수프, 미네스트로네 수프

Minute(미누뜨): 시간, 분, 일분, 잠시, 잠깐

Mirabeau(미라보): 구운 고기 요리

Mire Poix(미르포아): 양파, 당근, 셀러리, 마늘, 월계수, 타임 등 스톡이나 소스를 끓이기 위한 향신채소

Mitonne(미또네): 약한 불로 오래 끓이다.

Mode(모드): 방법, 형식, 방식

Modele(모델): *Model.* 모형, 형, 규범, 본보기

Moderne(모데르느): *Modern.* 근대의, 현대풍의

Moelle(모왈): *Morrow.* 골수, 골

Moitie(모와띠에): *Half.* 반, 1/2, 절반

Mollir(몰리르): *Soften.* 부드러워지다. 누그러지다. 약해지다.

Monder(몽데): 껍질, 토마토, 땅콩, 따위의 껍질을 벗기다.

Morceau(모르소): 조각, 덩어리, 한 조각의 고기, 생선, 음식

Mousse(무스): 생선이나 관자 등 곱게 갈아 체로 걸러 달걀 흰자, 생크림을 넣고 쳐서 만
  든 일종의 찜

Mousseline(무슬린): 무스처럼 가벼운 퓌레

Moutarde(무따르드): *Mustard.* 겨자

Mouton(무똥): *Sheep.* 양, 양고기

Mozzarella(모짜레라): 이탈리아산 모차렐라 치즈의 일종

Muge(뮈즈): 숭어

Murir(뮈리르): 익히다. 과일을 숙성시키다.

Muscade(뮈스까드): *Nutmeg.* 넛맥, 육두구

Muscle(뮈스끌): 근육, 힘줄

N

Nageoire(나즈와르): 지느러미

Nantua(낭투아): 프랑스 동부, 스위스에 가까운 호수가 있는 도시 이름

Napoleon(나폴레옹): 나폴레옹, 프랑스 황제 이름

Napolitain(나보리땡): 나폴리의, 나폴리풍의

Napper(나뻬): 소스를 위에 씌우다.

Nationale(나쇼날): 민족의, 국민의, 국가의, 국내의

Navarin(나바랭): 양고기, 스튜

Nicoise(니슈아즈): (프랑스의 도시) 니스의, 니스풍의

Nid(니): *Nest.* 집, 둥지, 보금자리

Noel(노엘): *Christmas.* 크리스마스

Noire(누아르): *Black.* 검은, 거무스름한, 검은색

Noix(누아): *Walnut.* 호두

Normande(노르망드): (프랑스 지방의) 노르망디의, 노르망디풍의

Nouilles(누이): *Noodles.* 국수, 파스타

O

Ouef(외프): *Egg.* 달걀

Office(오휘스): *Office.* 직무, 직책, 역할, 구실

Oie(우아): *Goose.* 거위

Oignon(오뇽): *Onion.* 양파

Oleine(올레인): 유산, 유산균

Olive(올리브): 올리브의 열매

Olivette(올리베뜨): 올리브 모양의

Omelette(오므레뜨): 달걀을 깨어 소금, 후추하고 저어서 프라이팬에 타원형으로 모양 내어 말아주는 것

Opera(오뻬라): 가극, 가극장

Ordre(오르드르): *Order.* 순서, 차례, 질서, 정돈

Oriental(오리앙탈): 동쪽의, 동양의, 동부의

Origan(오리강): 요리에 향신료로 쓰이는 꿀풀과의 여러해살이풀. 오레가노

Ormeau(오르미에): *Abalone.* 전복

Ornement(오르너망): *Ornament.* 장식, 장식 도안

Os(오스): *Bone.* 골, 뼈, 골이 든 뼈

Ovale(오발): *Oval.* 달걀 모양의, 타원형의

Oursin(우르생): 성게, 식용 성게

P

Pagel(빠젤): *Sea-bream.* 도미, 작은 도미

Pain(뺑): *Bread.* 빵, 양식, 식량

Palais(빨래): *Palace.* 궁궐, 대궐, 궁전, 관저

Paleron(빨롱): 견갑골 근처의 넓적한 부분, 소의 어깨 부분 고기

Panade(빠나드): *Panada.* 물에 버터와 빵을 넣어 만든 수프

Pane(빠네): 빵가루를 입힌

Panne(빤): *Lard.* 돼지기름, 생베이컨

Papaye(빠빠이유): *Papaya.* 파파야 열매

Paprika(빠쁘리까): 빨간색 파프리카 가루

Parfum(빠르회): 향기, 좋은 냄새

Paris(빠리): 프랑스의 도시, 파리

Parisien(빠리지앵): 파리의, 파리풍의, 파리식의

Parmesan(빠르머장): 파메산 치즈가 유명한 이탈리아 파르마의

Passe-puree(빠스퓌레): *Potato Marker.* 감자를 거르는 체, 거르는 기구

Passer(빠세): *Strain.* 거르다. 통과시키다. 통하다.

Passe-sauce(빠세-소스): 소스를 거르는 체

Patate(빠따트): *Sweet Potato.* 고구마

Pate(빠떼): 다진 생선이나 닭고기, 오리고기, 소고기, 돼지고기 등을 양념해서 파이지를
　　싸서 구운 것

Patissere(빠티스리): *Pastry.* 빵, 과자, 구운 과자

Paupiette(뽀삐예뜨): 채소로 속을 넣어 둥글게 만 고기 요리

Paysan(뻬이장): 농부, 농민, 시골 사람

Pec(뻬끄): 소금에 절인

Peche(뻬쉬): *Peach.* 복숭아

Peler(뻴레): 껍질을 벗기다.

Perigueux(뻬리괴): 마데이라 소스에 블랙 송로버섯을 다져 넣어주는 소스

Persil(뻬르시): *Parsley.* 파슬리

Petite(뻬띠뜨): *Small, Little.* 작은, 자그마한, 소량의, 사소한

Petoncle(뻬똥끌): 가리비, 관자

Picholine(삐꼬린): 푸른 생올리브 절임, 작은 올리브

Piece(삐예스): *Piece.* 부분, 단편, 조각

Pigeon(삐종): 비둘기

Pignon(삐뇽): *Pine nut.* 잣

Pilaf(필라프): 터키식 쌀밥 요리

Pique(삐꿰): *Larded.* 돼지비계를 안심에 찔러 넣다, 찔러 넣는다.

Pistache(삐스따쉬): *Pistachio.* 피스타치오

Plaquemine(쁘라꿰민): *Persimmon.* 감

Poche(뽀쉬): 수프를 접시에 떠 놓은 큰 숟가락, 국자

Pocher(뽀쉐): *Poach.* 뜨거운 물에 가볍게 삶는다. 끓는 액체에 집어넣다.

Poele(푸알): *Frying Pan.* 프라이팬

Poire(푸아르): *Pear.* 배

Poireau(푸아로): *Leek.* 부추의 일종으로 대파 모양, 굵고 크다.

Pois(푸아): *Pear.* 완두콩

Poisson(푸아송): *Fish.* 물고기, 생선, 생선 살

Poissonnier(푸아소니에): *Fish Kettle.* 생선요리 냄비

Poitrine(쁘와뜨린): *Breast.* 가슴, 가슴살

Poivre(쁘와브르): *Pepper.* 후추

Poivron(쁘와브롱): *Bell Pepper.* 피망

Pomme(뽐): *Apple.* 사과

Pomme de terre(뽐드떼러): *Potato.* 감자

Pont-neuf(퐁뇌프): 세느강의 다리, 채소나 감자요리 용어에 사용, 다리 모양으로 길쭉하 게 썰어 사용한다.

Porc(뽀르.): *Pork.* 돼지

Porto(뽀르또): 포르투갈의 항구, 포도주의 산지

Portugal(뽀르뛰갈): 포르투갈

Poser(뽀새): *Put.* 놓다. 걸다.

Pot(뽀): *Pot.* 냄비, 항아리, 단지

Potage(뽀따쥐): *Soup.* 수프, 수프의 통칭

Pot-au-feu(뽀또훼): 고기와 몇 가지 채소로 만든 프랑스의 진한 수프

Potee(뽀떼): 돼지고기와 채소를 함께 끓인 수프

Poularde(뿔라르드): *Fowl.* 살진 닭, 6개월 이상의 살진 닭, 로스트에 적합

Poulet(뿔레): *Chicken.* 병아리, 영계, 식용 닭

Pour(뿌르): 위하여, ～으로, ～향해, ～에

Preparation(쁘레빠로시옹): *Preparation.* 준비, 채비

Presse(쁘레스): *Press.* 압착하다. 압착기

Presse-citron(쁘레스 시뜨롱): 레몬즙 짜는 기계

Printanier(쁘랭따니에): 봄의, 봄 같은, 봄에 나는, 신선한 채소를 곁들인, 생채를 곁들여
    조리한

Provencal(쁘로방살): (프랑스) 프로방스 지방의

Prune(쁘뤼느): *Prune.* 자두, 서양 오얏

Puree(퓌레): *Puree.* 과일이나 삶은 채소를 으깨어 물을 조금만 넣고 걸쭉하게 만든 음식

Q

Quand(깡): 언제, 어느 때

Quantite(깡띠떼): *Quantity.* 양, 분량, 수량, 다량, 다수

Quart(까르): *Quarter.* 4분의 1, 15분

Quasi(까지): 송아지 허벅지 부분의 고기

Que(꺼): *Which.* 무엇을, 어느 쪽을

Queue(꾀): *Tail.* 꼬리

R

Racine(라신): *Root.* 뿌리

Racler(라끄레): *Scrape.* 깎는다. 벗기다.

Radis(라디): *Radish.* 무의 일종, 래디쉬

Rafraichir(라프래쉬르): *Chill.* 식히다. 냉각시키다.

Ragout(라구): *Stew.* 스튜 요리의 일종

Raifort(레호르): *Horse – Radish.* 서양고추냉이, 호스래디시

Raisin(레쟁): 포도, 건포도

Ramollir(라모리르): *Soften.* 부드럽게 하다. 무르게 하다.

Raper(라뻬): *Grate.* 강판으로 갈다.

Rave(라브): *Turnip.* 무, 작은 무

Ravioli(라비올리): 다진 고기를 넣은 이탈리아 만두 요리

Recuire(러뀌이르): 다시 굽다. 다시 익히다.

Reduire(레뒤이르): *Reduce.* 졸이다. 감소하다.

Refroidir(러프루아디르): 냉각하다. 식힌다.

Relever(럴베): *Season.* 요리의 맛을 진하게 하다, 양념, 맛을 돋운다.

Remplir(랑쁠리르): 가득 채우다.

Renverser(랑베르세): 거꾸로 하다. 뒤집는다.

Repas(러빠): *Meal.* 식사

Rhum(롬): *Rum.* 럼(술 이름)

Rillettes(리이예뜨): 프랑스 중부 투렌 지방에서 유래된 식품으로 돼지(오리, 거위, 닭 등) 고기를 잘게 다져 기름에 볶아 차게 식혀서 먹는다.

Riz(리): *Rice.* 쌀

Rizotto(리조또): (이태리) *Risotto.* 이탈리아 쌀요리의 일종

Rognon(로뇽): *Kidney.* 동물의 콩팥, 신장

Roi(르와): *King.* 국왕, 왕, 임금

Romarin(로마랭): *Rosemary.* 향신료의 일종, 로즈메리

Rome(로므): *Roma.* 로마

Rompre(롱쁘르): 부수다. 깨뜨리다.

Roquefort(로끄호르): 프랑스의 남서부 지방명. 로크포르 치즈(푸른곰팡이가 있고 냄새 가 강한 프랑스산 치즈)

Rosbif(로스비프): *Roast Beef.* 구운 쇠고기, 로스트비프

Rose(로즈): *Rose.* 장미색의, 분홍빛의

Rossini(로시니): 안심에 거위 간을 넣은 요리

Roti(로띠): *Roast.* 불에 구운, 구운 고기, 구운

Rotie(로띠): *Toast.* 토스트

Roux(루): 버터와 밀가루 1:1 비율로 볶아 소스, 수프를 걸쭉하게 만드는 데 사용

Royale(루아얄): *Royal.* 달걀 두부(마름모꼴로 썰어), 로열, 왕의, 국왕의, 왕실의

Russe(뤼스): 러시아의, 러시아 사람

S

Sabayon(사바이용): 달걀 노른자, 설탕, 포도주를 재료로 만든 크림의 일종

Safran(사프랑): *Saffron.* 샤프란의 노란 암술머리를 건조해 얻은 향미료, 100g을 추출하는 데는 6만~8만 그루의 꽃이 필요하다. 생선 소스, 샤프란 라이스 등에 사용

Saignante(세냥뜨): 피가 흐르는 설익은 비프스테이크, 레어 스테이크

Saindoux(생두): *Lard.* 돼지비계, 돼지기름. 라드

Saint - germain(생제르망): 프랑스 센강가에 있는 도시

Saisir(세지르): 조리 중에 고깃국물이 빠져나오지 않도록 고기 등의 재료 표면을 센 불로 익히는 것

Saison(세종): *Season.* 계절

Salade(살라드): *Salad.* 샐러드. 샐러드용 채소

Salage(살라즈): *Salting.* (생선, 고기 등) 소금에 절이기, 염장

Salamandre(사라망드르): *Salamander.* 위쪽에 열원이 있어 음식 색을 내는 기구. 그라탱 요리에 많이 사용됨

Salami(사라미): 훈제하지 않고 드라이한 이탈리아 소시지

Saler(사레): *Salt.* 소금을 치다. 소금에 절이다.

Salpicon(살삐꽁): 작게 정사각형으로 자른 (생선, 버섯, 고기) 등의 혼합 재료

Sang(상): *Blood.* 피, 혈액

Sardine(사르디느): 정어리, 청어과의 작은 물고기

Saucier(소시예): 소스 전문 요리사, 소테(Saute) 담당 요리사 또는 부서

Saumon(소몽): *Salmon.* 연어

Saumure(소뮈르): 마리네이드용 소금(소금 쪽이 많은 초석을 사용)

Saute(소테): 버터나 기름을 넣어 센 불로 굽는 조리방법

Savoureux(사부뢰): 맛있는, 풍미 있는

Scampi(스깡삐): *Prawn.* 이탈리아의 큰 새우

Secher(세쉐): *Dry.* 말리다. 물기를 없애다.

Seigle(세글): *Rye.* 호밀, 쌀보리

Sel(셀): *Salt.* 소금

Sepia(세삐아): *Cuttlefish.* 오징어

Service(세르비스): 서비스, 봉사

Sesame(세자므): 참깨

Silure(시뤼르): *Catfish.* 메기

Sirop(시로): *Syrup.* 시럽

Sole(솔): 혀넙치

Souffle(수플레): 달걀 흰자 거품에 커스터드 크림 등을 섞어 부풀린 후 오븐에 구운 프랑스 디저트

Soupcon(숩송): *Small.* 극소수, 극소량

Sous(수): ～아래에, ～밑에서, ～아래로

Soya(소이야): 콩, 대두

Spatule(스빠뛸): *Spatula.* 스패츌라, 칼 모양의 얇은 쇠 주걱

Special(스뻬시알): *Special.* 특별한, 특수한

Stroganoff(스뜨로가노프): 쇠고기, 파프리카, 송이, 마늘, 퐁드보, 생크림을 넣어 만들며 라이스와 함께 나간다. 러시아 외교관 이름을 따서 만든 요리다.

Suc(쉬끄): 즙, 액

Sucre(쉬끄르): *Sugar.* 설탕

Sucrer(쉬끄레): 설탕을 넣다, 달게 하다.

Suisse(쉬이스): 스위스의, 스위스풍의

Supreme(쉬쁘렘): 최고의, 최상의, 최상의 고기

Sur(쉬르): ～의 위에, ～의 표면에

Surface(쉬르파스): 표면, 외면

Surlonge(쉬를롱즈): 소의 어깨 고기

Suzette(쉬제뜨): 사람 이름, 디저트의 오렌지 수제뜨

T

Table(따블): 식탁, 탁자, 요리, 음식

Table de hote(따블도뜨): 정식

Tailloir(따와르): 도마, 나무판

Tamis(따미): *Sieve.* 체, 여과기

Tampon(땅뽕): *Stopper.* 마개, 뚜껑

Tapioca(따삐요까): 열대작물인 카사바의 뿌리에서 채취하는 식용 전분

Tartare(따르따르): 마요네즈를 기본으로 한 소스, 양파, 오이피클, 파슬리 등의 채소와
　　잘게 썬 닭은 달걀 등을 넣은 소스

Temperature(땅뻬라뛰르): *Temperature.* 온도, 기온, 체온

Terrine(떼린): 생선을 곱게 갈아 달걀 흰자, 생크림을 넣고 쳐서 틀에 넣어 쪄주는 일종의
　　찜요리

Tete(떼뜨): *Head.* 머리, 머리 부분, 두개골

The(떼): *Tea.* 차, 홍차

Timbale(땡발): 틀, 팀발, 파이 굽는 틀

Toast(또스뜨): 구운 빵, 토스트

Tournedos(뚜르너도): 안심의 제일 가운데 고급 부위, 스테이크 요리의 기본 재료

Tourner(뚜르네): 돌리다. 휘젓는다. 돌려깎기

Tout(뚜): 전체의. 전부의

Tranche(뜨랑쉬): *Slice.* 얇은 조각, 단편

Trancher(뜨랑쉐): 자르다, 베다, 얇게 썰다.

Tremper(뜨랑뻬): 담그다. 잠그다. 적시다.

Tripe(뜨리쁘): *Tripe.* 소의 위, 내장, 창자

Truffe(뜨뤼프): *Truffe.* 송로버섯(서양의 3대 진미)

Truite(뜨뤼이트): *Trout.* 바다 송어

Turbot(뛰르보): *Turbot.* 광어

Tyrolien(띠롤리앵): (이탈리아 북부지방) 티롤의, 티롤 사람

U

Ustensile(위스땅실): *Utensil.* 조리도구

Utilisation(유띨리자시옹): 사용, 이용, 활용

V

Vacance(바깡스): *Vacation.* 휴가

Vache(바쉬): *Cow.* 암소

Valois(바르와): 파리 동북부 지방의 이름

Vanille(바니유): 김, 수증기, 안개

Vase(바즈): 그릇, 병, 용기, 꽃병, 단지

Veau(보): *Veal.* 송아지, 송아지 고기

Veretal(베지딸): 식물의, 식물성의

Vegetarien(베지타리앵): 채식주의의, 채식주의자

Veloute(벨루테): 흰 소스나 수프의 기본. 밀가루를 버터로 볶아 육수를 넣고 끓인 기본
소스

Verjus(베르쥐): 선 포도즙, 덜 익은 포도

Vert(베르): *Green.* 푸른, 녹색의

Viande(비앙드): *Meat.* 고기, 식용 고기

Vichyssois(비시수아즈): 비시의, 비시풍의, 치킨 부용, 생크림, 감자, 양파, 파 등으로 만
드는 차가운 수프

Vigne(비뉴): 포도나무, 포도밭

Vin(뱅): *Wine.* 포도주, 와인

Vinaigre(비네그레): *Vinegar.* 식초

Vinaigrette(비네그레뜨): 프렌치드레싱, 비니거 소스

Vivant(비방): 살아 있는, 생명 있는, 활기 있는

Volaille(볼라유): *Poultry.* 닭, 가금류

W

Waldorf(웰도프): 뉴욕의 유명한 호텔 이름, 사과, 셀러리, 호두 등을 넣어 만든 샐러드, 1890년대 뉴욕의 월도프 아스토리아 호텔(Waldorf Astoria Hotel)에서 창조된 것이다.

Witloof(유뜨로프): 풀 상추의 일종

X

Xeres(케레스)(그젝스): *Sherry.* 쉐리 와인

Y

Yogourt(요구르뜨): 요구르트

Z

Zeste(제스트): *Zest.* 귤이나 레몬의 껍질

Zester(제스떼): 껍질을 벗기다.

참고문헌

김정수·채현석(2018). 기초서양조리. 백산출판사.

오석태·염진철(2002). 서양조리학개론. 신광출판사.

염진철·오석태·경영일·고기철·권오천·임성빈·박진수·배인호·류정열·장명하·채현석·김정수
　　　(2020). Basic Western Cuisine 기초서양조리 이론과 실기. 백산출판사.

염진철·안종철(2004). 전문조리사를 위한 고급서양요리. 백산출판사.

이종필(2020). All About Sauce. 백산출판사.

이종필(2020). Food Plating. 백산출판사.

윤수선·채현석·김정수·김창열·이윤호(2023). 주방 관리. 백산출판사.

최수근·전관수·조우현(2016). 12 Basic Sauce 이론과 실제. 백산출판사.

채현석(2022). 분자요리. 백산출판사.

The Culinary Institute of America(2011). The Professional Chef. WILEY.

도와주신 분들

김아름, 저자, 박성진, 김창현 교수(왼쪽부터)

저자약력

채현석

- 현) 한국관광대학교 호텔조리과 교수
-    한국관광대학교 산학협력 처장/평생교육원장

- 경기대학교 대학원(외식산업경영전공) 관광학박사
- 호텔리츠칼튼 서울 조리장
- 대한민국조리기능장
- 대한민국 조리명인
- 국가직무능력표준(NCS) 양식 학습모듈 집필
- 2018 KOREA 월드푸드챔피언십 대상(농림축산식품부 장관상)
- 중국 국제해산물요리대회 금상 수상(중국 청도)
- 사)한국전통주진흥학회 부회장/총무이사
- 사)한국외식경영학회 부회장
- 사)한국조리학회 부회장
- 전국기능경기대회 요리부분 심사위원
- KBS 생생정보 황금레시피 출현

저자와의
합의하에
인지첩부
생략

프로덕션 실무조리

2023년 8월 20일 초판 1쇄 인쇄
2023년 9월 1일 초판 1쇄 발행

지은이 채현석
펴낸이 진욱상
펴낸곳 (주)백산출판사
교 정 성인숙
본문디자인 장진희
표지디자인 오정은

등 록 2017년 5월 29일 제406-2017-000058호
주 소 경기도 파주시 회동길 370(백산빌딩 3층)
전 화 02-914-1621(代)
팩 스 031-955-9911
이메일 edit@ibaeksan.kr
홈페이지 www.ibaeksan.kr

ISBN 979-11-6567-693-3 93590
값 23,000원